ヤマケイ文庫

八甲田山 消された真実

Itou Kaoru
伊藤 薫

Y L
Yamakei Library

八甲田山　消された真実

目次

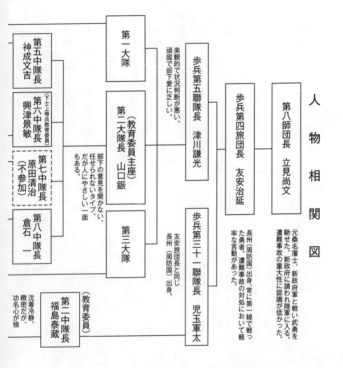

人物相関図

第八師団長　立見尚文

元桑名藩士、新政府軍と戦い武勇を馳せた。新政府に請われ陸軍に入る。遭難事故の重大性に認識が低かった。

歩兵第四旅団長　友安治延

長州（周防国）出身、常に第一線で戦った勇者。遭難事故の対処において軽率な言動があった。

歩兵第五聯隊長　津川謙光

楽観的で状況判断が悪い。頑固で部下愛に乏しい。

歩兵第三十一聯隊長　児玉軍太

友安旅団長と同じ長州（周防国）出身。

第一大隊

第二大隊長（教育委員主座）　山口鋠

部下の意見を聞かない、任せられないタイプ。だが人にやさしい一面もある。

第三大隊

第五中隊長　神成文吉

第六中隊長（下士上等兵教育委員）　興津景敏

第七中隊長　原田清治（不参加）

第八中隊長　倉石一

第二中隊長（教育委員）　福島泰蔵

沈着冷静、緻密だが、功名心が強

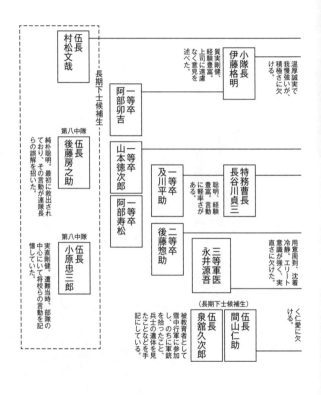

温厚誠実で我慢強いが、積極さに欠ける。

小隊長
伊藤格明

質実剛健、経験豊富。上司に遠慮なく意見を述べた。

特務曹長
長谷川貞三

聡明、経験豊富。言動に軽率さがある。

用意周到、沈着冷静。エリート意識が強く、実直さに欠けた。

三等軍医
永井源吾

く仁愛に欠ける。

（長期下士候補生）

伍長
間山仁助

伍長
泉舘久次郎

被教育者として雪中行軍に参加し、のちに軍銃を拾ったこと、兵士の遺体を見たことなどを手記にしている。

一等卒
及川平助

二等卒
後藤惣助

一等卒
阿部卯吉

一等卒
山本徳次郎

一等卒
阿部寿松

長期下士候補生

伍長
村松文哉

第八中隊
伍長
後藤房之助

純朴聡明。最初に救出されており、その言動が連隊長らの誤解を招いた。

第八中隊
伍長
小原忠三郎

実直剛健。遭難当時、部隊の中心にいて将校らの言動を記憶していた。

明治陸軍の編制・階級・職責について

主な部隊編制を規模の大きさ順に表わすと、師団、旅団、連隊、大隊、中隊、小隊となる。師団（人員約一万人）は、旅団二、騎兵聯隊一、砲兵聯隊一などから成る。旅団は歩兵聯隊二、歩兵聯隊は歩兵大隊（人員約六五〇人）三、歩兵大隊は歩兵中隊四、歩兵中隊は小隊三から成る。

階級は上から大将、中将、少将、大佐、中佐、少佐、大尉、中尉、少尉、特務曹長（准尉）、曹長、軍曹、伍長、上等兵、一等卒、二等卒となっていた。少尉以上は士官（将校）、特務曹長は准士官、曹長から伍長までが下士、上等兵以下が兵卒といった区分になる。

聯隊長（大佐または中佐）は、聯隊の教育訓練について全責任を有する。また将校の学識と人格の指導養成に努めなければならない。

大隊長（少佐）は、中隊の指導監督の立場にあるが、中隊長の能力を阻碍しないよう注意しなければならない。

中隊長（大尉）は、強固な団結を以て部下を教育訓練して管理し、それら一切について全責任を負う。

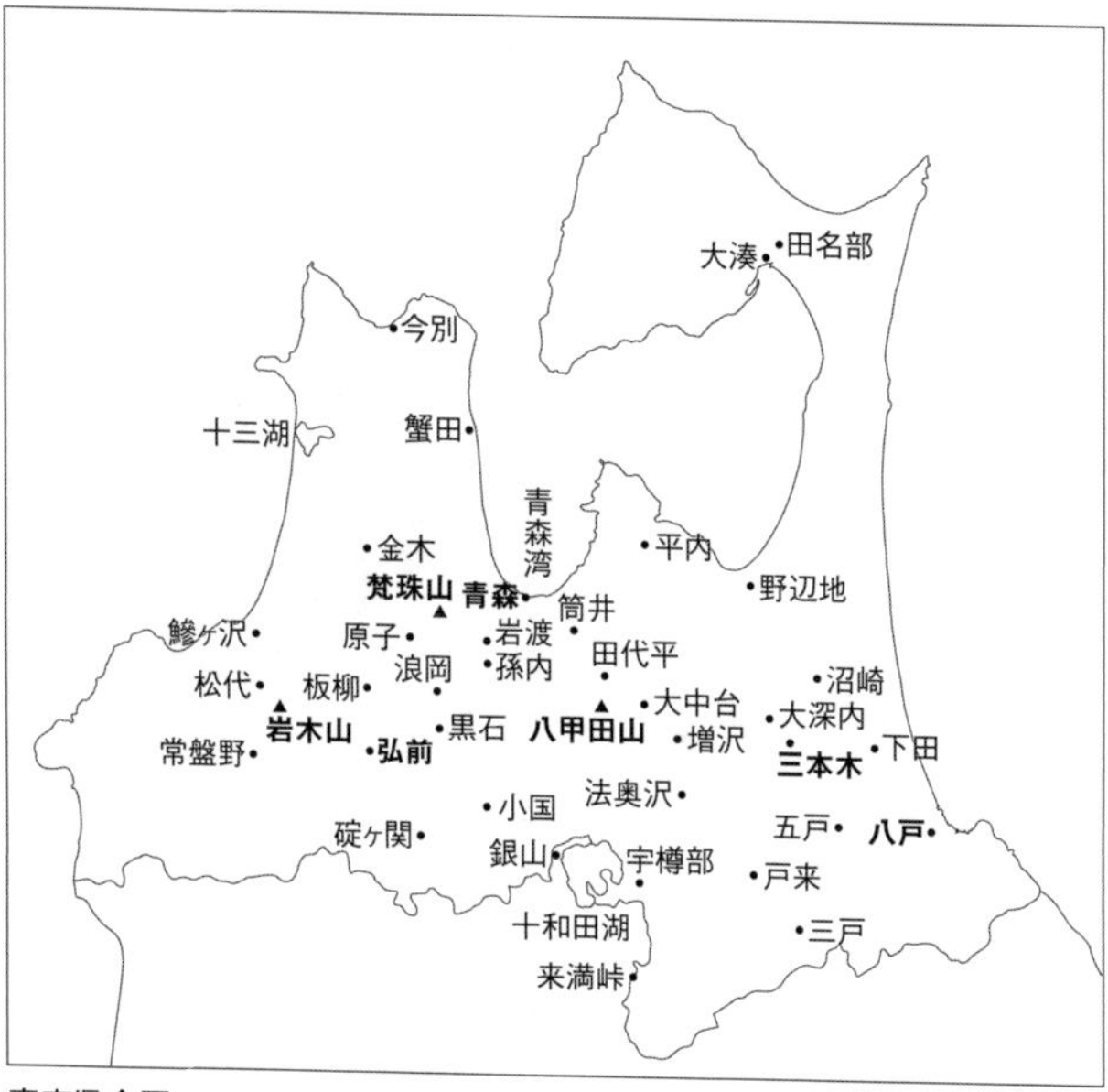

大湊
田名部
今別
十三湖
蟹田
青森湾
金木
平内
野辺地
梵珠山
青森
筒井
鰺ヶ沢
原子
岩渡
田代平
浪岡
孫内
松代
板柳
沼崎
大中台
大深内
岩木山
黒石
八甲田山
増沢
常盤野
弘前
三本木
下田
法奥沢
小国
五戸
八戸
碇ヶ関
銀山
宇樽部
戸来
十和田湖
三戸
来満峠

青森県全図

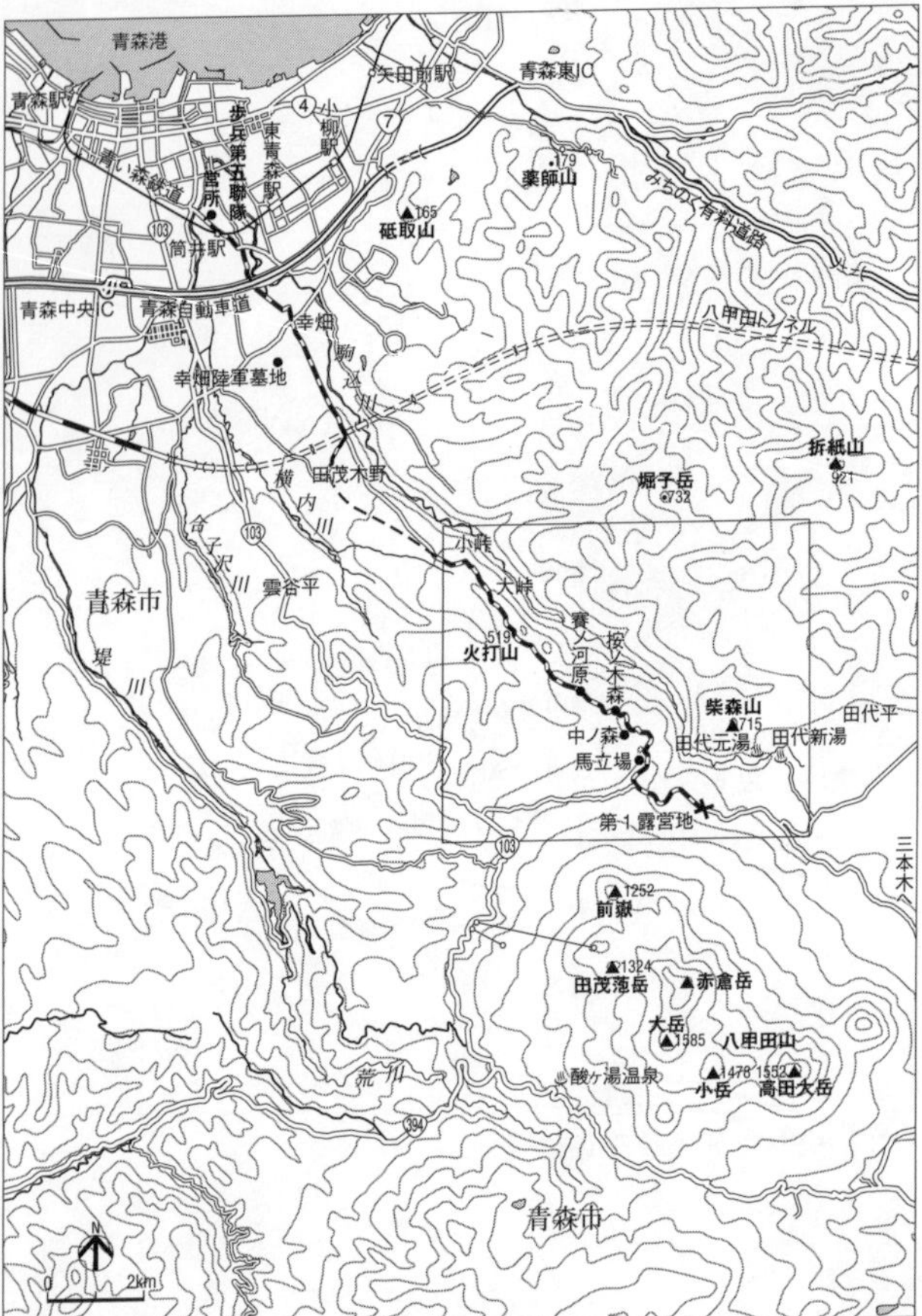

八甲田山雪中行軍ルート図（第１露営地まで）

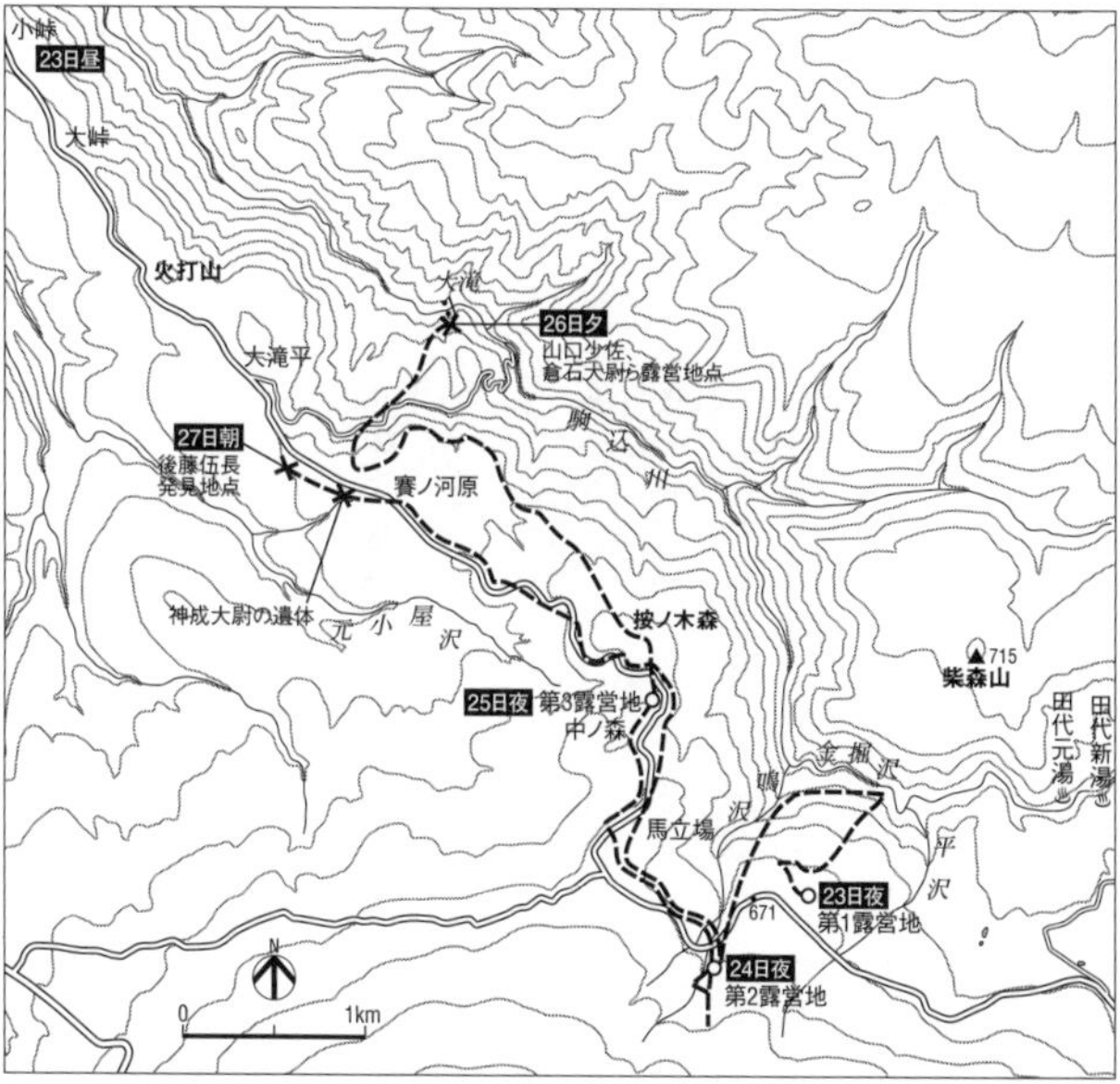

八甲田山雪中行軍遭難図（第１露営地～発見地点）

プロローグ

「神成大尉は、二一〇人の兵隊を凍死させたのは自分の責任であるから自分は自殺する、舌を噛んで自殺すると。そういうことで後藤伍長一人になって、凍傷にかかってようやくのしだいで、どうかこうか歩いていたんですね。歩いて、しばらくそこに立っていたそうです。そして発見されたとき、その食料運搬の三神少尉の引率した隊とぶつかったわけなんですね。そうして後藤伍長は見つかったんで、安心してしまって人事不省になってしまった。それから一生懸命軍医のほうで、注射とかやってようやく蘇生させましてね、それから行軍の惨状が初めてわかったんですね」

　昭和三十九（一九六四）年十二月二十日、国立箱根療養所で、翌月八十六歳になる小原忠三郎さんは、ベッドの上に正座をして当時のことを話した。

　その事件が起きたのは、明治三十五（一九〇二）年一月だった。雪中訓練のため、青森屯営を出発した歩兵第五聯隊第二大隊は八甲田山中で遭難し、将兵一九九名を失う。その最後の生き証人が遭難当時伍長の小原さんだった。

病室に不釣り合いな制服を着て録音マイクを持っていたのは、陸上自衛隊第五普通科連隊（以下「五連隊」という）の渡辺一等陸尉だった。青森からわざわざ小原さんを訪ね、遭難事故の聞き取りをしたのは、五連隊が初めて実施する八甲田雪中行軍遭難者慰霊行事の一環である、八甲田演習に資するためだった。

小原さんは証言にあたり、

「質問自体はどんなことでもお答えします」

と話した。陸軍の呪縛から解かれてしばらくたっていた。余命いくばくもないと悟っていた小原元伍長は、六十二年間の沈黙を破り、遭難当時の状況を語り始めたのである。

演習準備、予備行軍、編成、服装・装備、屯営出発から山中をさまよい救助されるまでの様相、裏話など、小原さんからの聞き取りは二時間を超えた。貴重だったのは、遭難事故の核心に触れる山口鋠《やまぐちしん》少佐や神成文吉《かんなりぶんきち》大尉らの言動を、小原さんが詳細に記憶していたことである。

渡辺一尉が求めたのだろうか、小原さんが書いた二点の寄せ書きが青森駐屯地の防衛館（広報資料館）に残っている。

「友皆逝きて我一人八十六歳を迎いるは感慨無量である」

「日暮れて道遠し」

文の後にはそれぞれ「昭和三十九年十二月二十日　八甲田山雪中行軍生存者　小原忠三郎」と書かれていた。『史記』の中にある「日暮れて道遠し」の意味は、「年をとって、まだ達すべき目的には遠いことのたとえ」と『国語辞典』(旺文社)にある。だが、小原さんはきっと、帰路がわからず彷徨した当時の思いをそのまま書いたに違いない。

明治に起こったこの遭難事故が昭和になって再び脚光を浴びたのは、新田次郎著『八甲田山死の彷徨』と、それを原作とした映画『八甲田山』の影響によるものだった。師団または旅団命令による八甲田山への行軍、指揮が乱れ猛吹雪のなか山中をさまよう歩兵第五聯隊(以下「五聯隊」という)、雪中裸になって斃《たお》れる兵士、「天はわれ等を見放した」と神田大尉の悲壮な叫び、田代越えを成功させた三十一聯隊、救助された山田少佐のピストルによる自決など、小説や映画は軍隊の愚かさを訴えていた。そして多くの人々は、それら作品に描かれた出来事がまことの事実であると錯覚をしてしまう。また、この頃から遭難事故に関する本がさまざま発行され、巷間に諸説が飛び交うことにもなった。

明治35年に撮影された雪中行軍遭難事故の生存者

しかし、この小原証言の詳細が明らかになることによって、これまで遭難事故の真実とされていたことや、さまざまな俗説が覆されていく。小原証言以外にも伊藤格明中尉、長谷川貞三特務曹長、後藤房之助伍長、阿部卯吉一等卒、後藤惣助二等卒ら生存者の証言、新聞記事等から真実が浮かび上がる。さらには陸軍省の文書から事実を知らされる。

今になって真実が露呈する主な原因は、遭難事故の事実が意図的に消されてしまったことにある。責任回避のため都合の悪いことは隠蔽され、あるいはねつ造されて大本営発表となった。その内容が地元の新聞に載り、青森市に派遣された東京の各新聞社特派員も、すぐさま電報で本社に送っていた。そのようなことによって、大本営発表が事実として日本中に広がったのであろう。

この遭難事故が起こる七年あまり前の明治二十七（一八九四）年、日清戦争が始まった。翌年一月、五聯隊は山東半島東端の栄城《えいじょう》湾から上陸して威海衛《いかいえい》へ進撃した。このときの五聯隊に神成特務曹長や倉石一《くらいしはじめ》少尉がいた。のちに八甲田で遭難する神成大尉、倉石大尉である。清国での冬の戦いにおいて、日本軍は防寒が不十分だったためか凍傷患者が多数発生したらしい。靴はわら靴が使用されている。青森県下の市町村からわら靴が数千単位で献上されていた。

青森市の鳥瞰図。青森湾から市街地、八甲田山となる。中央に堤川、その上流に大滝、田代元湯、新湯が描かれている

日清戦争後の明治二十八（一八九五）年四月、露・独・仏の三国干渉により、下関条約で領有することになった遼東半島を清国に返還した。当時の日本は、それらの国と戦う力がなかったのである。その屈辱から日本は国力の充実と軍備の大拡張に努めた。明治三十三年の北清事変後、ロシアは満州を事実上占領し、朝鮮にも触手を伸ばす南下政策を強めてきた。日本政府も対露戦やむなしと判断し、日英同盟を結んだのが明治三十五年一月三十日のことだった。その頃の軍は、実戦的訓練、訓練練度の向上に邁進していた。

青森平野から南を望むと八甲田山が見える。円錐形をした前嶽が露払いとなって、田茂萢《たもやち》岳、赤倉岳、井戸岳、大岳、高田大岳などの峰々が並ぶ。八甲田山はそれらを総称したもので、最高峰は一五八四メートルの大岳となる。そのなかの前嶽北側の中腹あたりで第二大隊（以下「二大隊」という）は遭難したのである。

八甲田山北東の中腹にある周囲十数キロの高原を田代平《たしろたい》という。地元の人々は単に田代ともいった。田代平周辺の山々を源とした駒込川が青森市街で荒川と合流し、堤川となって青森湾にそそぐ。駒込川の水は酸性で魚が棲まないといわれていた。それは田代平を流れる地下水に炭酸ガスが多く含まれているからなのだろう。

田代平には古くから温泉があった。明治九年の『新撰陸奥国誌』に次の記述がある。
〈八耕田山の麓にあり小舎七宇《う》湯槽七箇あり南駒込川に添う疝気金瘡々毒《せんききんそうそうどく》に宣しとて浴する者多し夏月のみにして冬日は往がたしこの処を田代と云う〉

駒込川の右岸にあった田代元湯は冬になると無人になった。その五〇〇メートルほど上流の左岸に田代新湯があり、そこに一組の老夫婦が住んでいた。

「田代と申す処は山腹で家は僅か一軒しかありません。而《しか》も其《その》家は崖のような処にあって其家に這入《はい》るのには上から滑り込まねばならぬという始末です。其家に老夫婦が居り……」（二月十日、時事新報）

と、侍従武官の遭難地視察に同行した青森県知事が話している。

田代には他にいくつかの無人家屋や炭小屋があるだけだった。大岳の西麓にある酸ヶ湯温泉は湯量が多く、古くから湯治客が多かった。客舎組合があって、三月になると地元紙に営業を知らせる広告を出していた。その酸ヶ湯に比べると、閑散とした田代の温泉はずいぶんと見劣りがした。

田代の西端に馬立場《うまたてば》という小高い場所がある。かつて桂森といわれたその場所が馬立場となった由来は、放牧されていた馬が夏になるとその場所で涼んでいたことからといわれている。そこは見晴らしがよく、北西に青森市街、青森湾、東に田代平を一望することができた。当時、馬立場は青森と三本木を結ぶ田代街道の重要な道標となっていた。

今その場所には、軍帽をかぶり外とうを着て銃を両手で保持し、遠くシベリアを凝視する、あの後藤伍長の銅像がある。大山巖《いわお》参謀総長、事故当時の陸軍大臣児玉源《げん》太郎《たろう》らが発起人となり、全国現役将校の醵金《きょきん》によって建てられた歩兵第五聯隊八甲田遭難記念碑である。

大山参謀総長から設計を依頼された多胡実敏《たこみつとし》は、将兵は露国に対し国の御楯《みたて》とならんとしての意図で設計したという。今では、後藤伍長像は救援を待って屯営のある青森市街地を望んでいるのだと、話す人が少なくない。制作は靖国神社の大村益次郎像も手掛けた大熊氏広《おおくまうじひろ》である。

後藤伍長が銅像のモデルとなったのは、困難な状況下、部隊の救援要請に挺身した功績によるものだったためらしい。しかし、悲惨な遭難事故に対する国民の非難をかわすため、陸軍が後藤伍長をヒーローに仕立てたというのが本当だろう。後藤伍長の称えられたその行動には、陸軍も承知していた重大な瑕疵《かし》があったのである。

＊

雪中行軍遭難事故最後の生き証人となった小原さんは、明治十二年一月五日に陸中

歩兵第五聯隊第二大隊の遭難記念碑（後藤房之助銅像）

国和賀郡二子村（現在の北上市二子町）で生まれている。北上市は岩手県のほぼ中央に位置し、気象庁の過去三十年のデータによると、最深積雪は最高六八センチ、最低一六センチとなっている。ちなみに、青森市の最深積雪は同じ条件で最高一七四センチ、最低三七センチとなっていた。青森市がいかに豪雪地であるか理解できよう。

小原さんは明治三十二年十二月一日、五聯隊に入営した。その後、長期下士候補生を志願し、学力検定に合格して任命されたことが、明治三十三年四月十二日の東奥日報に載っている。記事には同期で、のちの遭難事故で救出された後藤房之助、村松文哉らの名前があった。また、同じ紙面で、偶然にも次の記事を見つけた。

「歩兵第五聯隊大尉興津景敏は下士上等兵教育委員を命ぜられる」

つまり、興津大尉は小原さんたち長期下士候補生教育の担任官となったのである。

小原さんは遭難事故一カ月あまり前の、明治三十四年十二月一日に伍長に任じられている。教育のため参加した雪中行軍で奇跡的に救出されたが、凍傷が重く両足は足首から切断され、両手は親指を残すだけとなった。七カ月あまりの入院生活後の明治三十五年九月十日、兵役免除となる。その後の小原さんについては、小笠原弧酒の『吹雪の惨劇』第二部から知ることができる。

〈郷里岩手の山村にかえり　新妻とささやかながらも庵をむすんだ　やがて小原さん

は　義足のないまま村役場に勤務することになるのだが　往復雇う馬車賃の方が　給金を上まわるということで役場を辞め　自宅で細々と駄菓子屋を営んだ　だがそれも束の間　手術痕の傷口が悪化したため　東京の廃兵院へ入院加療を続ける身となった　さらに昭和二十年初め　空襲が激しくなって　新築なった神奈川県風祭の国立箱根療養所に移った〉

静かに余生を送っていた小原さんを訪ねたのが、渡辺一尉である。

その訪問から二カ月経った二月二十三日に、五連隊の八甲田演習は実施された。幸畑陸軍墓地での慰霊行事、田茂木野から増沢までのスキー行進、大滝平《おおたきたい》、田代平での宿営が行なわれた。天候が比較的良好だったため、演習は計画どおり実施され事故なく終了した。

演習後、渡辺一尉は歩兵第五聯隊第二大隊（以下「五聯二大隊」という）遭難事故の経緯・教訓、五連隊の八甲田演習計画、その実施状況等からなる冊子『陸奥の吹雪』を編纂《へんさん》する。この冊子は上級部隊の第九師団から行軍記念として隊員に配布された。

小原さんの証言は遭難事故の生々しい状況を伝え、その教訓に重みを加えた。だが、その録音テープも早々に役目を終え、それから三十六年余り青森駐屯地の防衛館で眠ることになる。この録音テープが呼び起こされたのは、遭難事故から一〇〇年後の平成十四（二〇〇二）年だった。

ＮＨＫで放送された『よみがえる八甲田の悲劇――雪中行軍一〇〇年目の証言』の中でそのテープの一部が使われ、朴訥《ぼくとつ》とした小原元伍長の声がテレビでよみがえった。渡辺一尉の訪問から三年余り経った昭和四十三年八月に、この遭難事件研究の第一人者だった元新聞記者の小笠原孤酒が小原さんを訪ねる。小笠原は遭難者の遺族や捜索参加者への取材で小原元伍長が生存していることを偶然知り、速やかに動いたのだった。取材は期間をおいて三回行なわれ、その内容はテープに録音された。

小笠原は昭和四十五年七月に『吹雪の惨劇』第一部を出した。その巻頭に小原さんからの手紙が載っている。

〈今この書を読むに及んで、涙ながらに思い出されることは、行軍第三日目の一月二十五日のある時刻、猛吹雪と、酷烈の寒さの山中に迷い、進退窮まって、無念の涙を浮かべて叫んだ指揮官、神成大尉の『天はわれわれを見捨てたらしいッ。俺も死ぬから、全員昨夜の露営地に還って、枕を並べて死のぅ！』といった、悲愴な言葉であります〉

この衝撃的な証言と同じような文が、新田次郎著『八甲田山死の彷徨』にある。

〈天はわれ等を見放した。こうなったらゆうべの露営地に引き返して先に死んだ連中と共に全員枕を並べて死のうではないか〉

まさに小原証言以外の何物でもない。その巻末に「取材ノート」がある。

〈青森県十和田町の小笠原弧酒さんが、この遭難事件のことを本に書いたということを聞いたので、小笠原さんに手紙を出した。小笠原さんと初めて会ったのは、四十五年七月ごろであった。彼は、その時既に『吹雪の惨劇』第一部「前夜篇」を書いて発表していた〉

小笠原は最後の生き証人だった小原さんを取材している。新田にしたら喉から手が出るほどの情報だった。それだけではない。小笠原が血のにじむ取材と言っていた、延べ一万キロ余りを踏破して集めた古老たちの証言や資料もあった。

読売新聞社発行の『私の創作ノート』の中で、遭難事件を小説に書きたいことや援助してほしいことを小笠原に話した、と新田は書いている。小笠原は快諾し、自ら苦労して集めたその特ダネを新田に無償で与えた。小笠原がそうしたのは、自らの原稿に小原証言などの特ダネを載せるのはまだ先のことだったからなのかもしれない。

映画のキャッチコピーにもなった「天はわれ等を見放した……」のように小原証言の数々が小説に使われていた。小原証言は部隊が彷徨し将兵が次々と斃れていく凄まじいありさまを今に伝えた。

『八甲田山死の彷徨』がベストセラーとなり、これを原作とした映画もヒットした。

そして小説や映画が遭難事故の事実となってしまった。

小笠原も新田に三年遅れて『吹雪の惨劇』第二部を出したが、ほとんど話題にもならなかった。小笠原がいくらノンフィクションだと言っても、その目玉となる材料はすでに出尽くしていたのだ。それに小笠原の事件解明はまだ途中で、続きはいつ出るのかわからない。そのようなものに読者がついて来るはずがない。

〈後世なに人も書き得ない立派なものを作って世に問おう〉と決意し、自らのライフワークとしてやってきた小笠原だったが、その意義を見失ってしまう。また、所詮『八甲田山死の彷徨』にはかなわないと悟ったのかもしれない。次第に執筆意欲もなくなり、第三部以降の出版は幻となってしまった。

その後、小笠原は悲運の晩年を送り、六十三年の生涯を閉じた。そんな小笠原の心情は、小原さんを思って書いた次の文で表現されよう。

〈凍傷に依って四肢の自由を失ってはいたが　ベッドに正座する小原さんの顔には不平らしいかげりはみじんもなかった　だが　この腐敗堕落した現代社会の実情を目の当りに見ながら　心の奥底で　どんなにか絶望されておられたかは　私にはその心中がよく読みとることが出来た〉(『吹雪の惨劇』第二部)

考えようによっては、小笠原も八甲田雪中行軍遭難事故の被害者なのかもしれない。

第一章　現代の八甲田演習

第五普通科連隊

本州最北の青森県に陸海空の自衛隊と米軍基地があることから、日本の防衛においてここが重要な地域となっているのは間違いない。そのためか、平成十一年までは青森に第五普通科連隊、八戸に第三十八普通科連隊、弘前に第三十九普通科連隊（以下「三十九連隊」という）と、青森県に三個の普通科連隊が駐屯していた。

青森駅から三キロほど南に陸上自衛隊の青森駐屯地がある。ここには青森、岩手及び秋田の三県にまたがる第九師団の司令部が置かれている。その駐屯地で中核をなす部隊が五連隊である。

五連隊は、「旧陸軍歩兵第五聯隊の連隊番号を継承する第五普通科連隊……」と事あるごとに言われてきた。そのため五連隊には、八甲田雪中行軍の遭難事故という負の遺産が伝統のように付きまとった。

私が自衛隊に入隊した昭和五十二年に、映画『八甲田山』が公開された。初めて知る遭難事故の悲惨さに驚き、山田少佐の無謀さに怒った。そして五連隊の隊員として五聯隊の惨状や三十一聯隊の成功はおもしろくなかった。当時は単純に鑑賞しただけだったが、自分の人生においてこの映画が後々まで尾を引くとは思いもよらなかった。

五連隊には何事も弘前三十九連隊に負けるなという空気があった。三十九連隊も五連隊に対してそう思っていたに違いない。三十九連隊の検閲で五連隊が仮設敵（対抗部隊）となったときに、三十九連隊の斥候数名と対峙したことがあった。周りに検閲を統裁する審判も補助官もいなかったので、三十九連隊の隊員が前進か捕虜か腕ずくで決めようといってきた。検閲で高ぶっていたにせよ、他の部隊では考えられないことだった。そこに五連隊と三十九連隊とにあった対立の深さを感じた。旧軍の五聯隊と弘前三十一聯隊の強い対抗意識は継承されていたのだった。

九師団では毎年「冬季戦技競技会」が行なわれる。わかりやすくいうと各部隊対抗によるスキーのクロスカントリー競技である。この競技では五連隊と三十九連隊の優勝争いがずっと続いている。だから互いの連隊は、優勝のために一年間を通して選手要員の練成を図っていた。

冬季戦技、つまり積雪地の能力は自分らの連隊が一番だ、優れているとしたかったのである。五連隊は特にその思いが強い。それはどうしても歩兵第五聯隊の遭難事故という陰が付きまとうからなのかもしれない。

昭和四十年に慰霊の八甲田演習が実施された。その後に編纂された『陸奥の吹雪』

にこの演習の目的と意義が書かれている。

〈遭難軍人の霊を追悼し、その遺徳を広く内外に顕彰することは、伝統の担い手としてのわれわれの務めでもあり、本演習の主要な目的の一つでもある。この意味において「八甲田山への挑戦」は第五連隊の宿命でもあった〉

「明治三十五年と同じ想定で、青森平地を出発田代平を経て三本木平地へ進出すると云う偉業を見事に完遂し、今迄埋れ、忘れられていた六十三年前の当時の状況が改めて確認されて先人の残された貴重な資料・教訓が生かされたことに本演習の意義があろう」

これ以降、五連隊は毎年二月頃に慰霊の八甲田演習を行なうようになる。もし遭難事故がなかったら、この演習は行なわれることもなかったに違いない。

私が初めて八甲田演習に参加したのは、昭和五十三年二月だった。半年ほど前に見た映画『八甲田山』の影響で、不安を感じるとか億劫になるとか、そんなことは全くなかった。八甲田演習は十年以上も事故なく実施されていたし、周りの先輩隊員もいつもの演習準備と変わりなく淡々と準備をしていた。第一、服装装備が格段に進歩している。実のところ準備でとにかく忙しく、映画のことなどすっかり忘れていた。

何度目かの八甲田演習において、猛吹雪で二メートル前の隊員が見えなくなったときはさすがに恐怖を覚えた。考えてみると、八甲田演習はまさに歩兵第五聯隊の追体験なのだった。

演習は二夜三日で、スキーの行進経路は小峠～大滝平～馬立場～箒場《ほうきば》～大中台～増沢となる。一日目は幸畑陸軍墓地で慰霊行事、大滝平宿営。二日目は馬立場で慰霊行事、箒場宿営。三日目は増沢手前までとなる。爾後《じご》は車両で帰隊となる。

準備は一週間ほど前から始まる。まずは偽装のため弾帯、サスペンダー、弾のうなどの装着品を白くしなければならない。当時は予算がないためなのか官品がなく、売店で購入するか、白いシーツを切って縫い付けるかした。防寒対策として、防寒シャツの背中や腹にシーツの切れを縫い付けてカイロを入れるポケットを作る。カイロはベンジンを燃料とした官品が一個配分されたが、足りないようなので灰式カイロ三個とその燃料を買った。また、皮手袋、毛糸の靴下、替えの手袋、ゴーグル、偽装に使う白のビニールテープ、手っ取り早くエネルギーがとれるチョコレートや餅等の食糧も購入した。その他に宿営する組ごとにインスタントラーメンや炭酸飲料等を準備する。とにかく冬季の演習は金がかかる。というよりも苦労を少なくするために金をかける、といった方が正しいのかもしれない。

背のうには、示された物は必ず入れた。他に自分で必要なものを入れるのだが、背のうが重くなると自分が苦労するだけなので、軽いもの以外は極力入れない。スリーピングバッグ、飯ごう、中衣（厚手の防寒着）、下着、手袋、スキーワックス、非常糧食（乾パン）、固形燃料、凍傷軟膏等を入れる。着替えは一つ一つビニール袋に入れて丸めるなどしてテープで止めて濡れないようにした。

準備で一番重要なのは、宿営時の物品を運搬するアキオの整備である。アキオの語源はフィンランドのボート型橇にあるらしく、スキー場のパトロールが負傷者の搬送に使うようなものだった。

アキオには寒冷地用天幕、あるいは雪壕の上部を覆うシート、毛布、エアーマット、マナスル（ストーブ）、小型の水缶・灯油缶、円匙《えんぴ》（角スコップ）、予備のスキーなどが積まれ、その総重量は八〇キロを超える。アキオ一台にだいたい六人分の荷物が積まれた。

ちなみに、陸上自衛隊ではスコップを「えんぴ（円匙）」といっている。明治の陸軍からずっとそう呼んだらしい。そして小型で折りたたみのものを携帯円匙といった。

アキオの曳行は四人で実施した。曳行のために、各人はまず下方に半円型の金具のついたタスキを装着する。最後尾の隊員は、事前にアキオ前方底部左右の金具に連結されたロープのフックをタスキに連結する。前の三人は自らのタスキの金具に、連結用のフックが両端についた二メートルあまりのロープの片側を連結する。そして前の隊員は後ろの隊員にロープを渡し、それを受け取った隊員は自らのタスキ（金具）に連結して曳行準備完了となる。部隊では最後尾でアキオを操作する隊員をモト（基）、前の三名をウマ（馬）といった。一番先頭はウマの中で一番体力があり八甲田演習経験者がなった。

主な整備は、アキオ底部にワックスを塗って滑りをよくすることである。競技用のワックスをアイロンで丁寧に塗り、その後コルクでワックスを伸ばしてムラと凹凸をなくする。

その作業をおろそかにすると滑りが悪くなり、山で苦労することになる。特に底部にある横ぶれを防ぐ木製レールのワックスが剥げていたりすると、その部分が凍ってコブができブレーキとなる。あるときの八甲田演習で、休憩後に前進しようとしたがアキオがびくともしなかった。調べてみたら底部の木製レールに大きさ三センチぐらいの雪が付着していた。ここが雪面とぴったりとくっついて、四人が曳いても動かなかったのだ。四人の曳きは小さな雪のコブに勝てなかったのである。滑らないアキオは下り坂で後ろのアキオに簡単に抜かれ、一〇メートル以上も離されたりする。そして隊員の体力を容赦なく奪った。

スキーの手入れも重要だ。まずは防寒靴（革のスキー靴）を固定する皮（バッケン）やストックの雪に埋まらないための輪（バスケット）を固定している皮などが、切れかかっていないか点検する。その後、滑走面の古いワックスを剥いで低温用のベースワックスを塗る。前の訓練で塗った止めワックスが少しでも残っていると八甲田では凍ってしまい、雪が滑走面にコブとなってくっつき、下駄のようになって滑らず、死ぬほど苦しむことになる。

服装は防寒面覆い（毛糸の帽子）、防寒外被（上下）、戦闘服（上下）、防寒シャツ・ズボン下（毛）、腰当（毛皮）、防寒手袋（毛）、防寒靴カバー（ビニール）、防寒靴、毛糸靴下、靴下となる。

その状態に鉄帽、ゴーグル、弾帯、サスペンダー、弾のう、救急品袋、水筒、防護マスクなどを装着した。他に個人装備火器（小銃、拳銃など）等を携行する。

演習前には中隊の隊容検査、連隊の隊容検査と準備状態が点検された。演習の状況、部隊や個人の任務が理解されているか、示されたものが携行されているか、防水処置はされているか、スキーやアキオは整備されているか等々。特に連隊の隊容検査では、答えられなかったり不備な点があったりすると指摘事項（欠点）となり、演習終了後の講評（評価）に載ったりする。指摘された隊員は周りの隊員に舌打ちをされ、班長、小隊長には指導され、出発前に意気消沈となる。隊容検査と行軍が終われば検閲も終わったようなものと言われたように、隊容検査はとにかく面倒だった。

八甲田演習の当日は早朝に駐屯地を出発して、遭難者が眠る幸畑陸軍墓地で慰霊行事を行なう。その後、日の丸の小旗を振る付近の住民らに見送られ、車両で田茂木野を通って小峠のゲート近くまで移動した。ゲートまでの残り約一キロは、除雪された道路を徒歩で移動する。この増沢（十和田市）に抜ける、かつて田代街道といわれた道は、今は県道四十号線となっている。遭難当時から変わらず、冬期は小峠から増沢までの間が一部を除き閉鎖され、雪に埋もれた。

背のうを背負い、小銃を負い、スキーを担ぐとその重さは二〇キロを超える。その状態で八〇キロを超えるアキオを二、三人で曳いた。急な傾斜なので体をやや前傾にし、少し踏ん張って前に足を出す。歩き出すとすぐに息が切れ、汗がにじむ。いきなりの出力全開で眼がくらむほどだった。このまま行ったら途中で潰れると思った。その前進の間に「登り急勾配九パーセント」の道路標識があった。後で考えると、スキーを装着するまでのこの登りが一番きつかった。しばらく進むと雪壁の中にゲートが見える。その雪壁を登ってからスキーを装着し、アキオを曳く綱を四人一列になってセットした後、田代方向に前進隊形をとる。そのときにはびっしょりと汗をかいており、体がぬるぬるして気持ち悪かった。足元には頭を少し出したカーブミラーがあった。

十時頃前進開始。馬立場までおおむね稜線沿いを進むこの経路の両側は、崖と深い谷からなっている。冬は稜線上に吹き溜まりや雪庇ができる。また、急斜面では雪崩の危険もあった。

地形について、指を広げた左手の甲で示すと、人差し指が田代街道で、その指先が小峠、第一関節が大峠、第二関節が大滝平、第三関節が馬立場、人差し指の骨と親指の骨が交わるあたりが鳴沢、親指の第三関節が田代、手首が前嶽（八甲田山）となる。人差し指と親指の間は駒込川、人差し指と中指の間が横内川の源となる元小屋沢、人差し指の指す方向が北西となる。

一日目の前進目標は約四キロ先の大滝平で、十二時前には到着する。ゲートから二〇〇メートルあまり登ると、右手の小高い所が小峠（標高三九三メートル）だった。さらに大峠（標高四二八メートル）、おそらく火打山と思われる三角点の記号がある標高五一八・七地点と進み、「後藤伍長発見の地」の標柱が右手に見えると、大滝平の宿営地はもうすぐだった。

入隊して一年も経っていない隊員にとって、装備をつけ、スキーをはき、アキオを曳いて山を登るということは大変だった。前の隊員についていくのがやっとだったのに、曳く綱が少しの間ゆるむと、すぐに後ろのモトから「休むなッ、引っ張れッ」と怒鳴られる。慌ててスキーをばたつかせ、ストックを押してスピードを上げアキオを曳いた。

地形も経路もほとんどわからないので、ひたすら馬車馬のように前に進むだけだった。

十一時半前には宿営地に到着した。思っていた以上に早く宿営地へ到着したので、少し拍子抜けした。大滝平は両側の谷まで地積が広く比較的なだらかだった。宿営準備前に昼食をとる。冷たくなってしまったパックの五目飯を食べた。パックライスを好まず、おにぎりやパンを食べる隊員もいた。

食事後、すぐ宿営準備にとりかかる。

雪壕は雪を掘って開口部と出入り口をシートでふさぎ、その中に宿営する。中隊によっては寒冷地用天幕で宿営をしていた部隊もあった。昭和六十年頃には寒冷地用天幕が主流となっていた。天幕は、張った天幕がすっかり隠れる深さまで雪を掘ってから展張した。雪壕は資材がシートだけで済むが、天幕は外幕、内幕、支柱等からなり、シートだけと比べるとはるかに重い。また、天幕は雪壕に比べ断然温かいが、四人を超えての宿営は無理があるのでその必要数は多くなり、アキオに積み込む負担（重量）も多くなる。それに雪壕の撤収は雪を埋め戻せばいいだけなので容易だった。

雪壕の位置は、地形や植生を見て雪の下に木や障害物がない場所を選定し、まず圧雪する。その後、ぐしゃぐしゃな表面の雪一段を角スコップで取り除いて、締まった雪面を出す。開口部はだいたい縦一メートル三〇、横二メートルの大きさで二メートル五〇ほど掘り下げる。開口部表面より雪の厚さ八〇センチ辺りから斜め下に掘り下げて、壕の底が縦二メートル五〇、横四メートル六〇ぐらいの四角錐台にする。壕内の長辺中央に幅六〇センチ、深さ四〇センチほどの溝を掘ると、左右に三人ずつ寝られるスペースができる。

八甲田演習を何度か経験した隊員は雪の掘り方がうまい。締まった雪にスコップを数回刺して四角く型取り、深さ四〇センチくらいにスコップを入れて、四〇×四〇×八〇センチぐらいの雪のブロックを放り投げる。ムダな動きがなく掘り出す量も多いので作業が早い。新隊員はそのように大きいブロックが作れず、締まった雪を崩したりするので作業が遅い。それで任される作業は、掘り上げた雪のブロックをさらに遠く放り投げるなどの作業となる。ただ、ぼさっと立っていると、穴の中から放られた雪のブロックが頭を直撃する。

壕の長辺に並行して、階段状の通路を壕から一メートル以上離して長辺中央まで掘る。その長辺中央の深さが三メートルほどになったら、壕に向かってトンネルを掘って貫通させ、出入口を作る。雪壕上部の開口部にスキーを渡し、シートで開口部をふさぎ、シートの端を雪のブロックで留める。出入口にシートを下げてふさぐと、雪壕の完成となる。

壕内は冷蔵庫のようにひんやりとするが、風雪から守られる。中は暗いのでローソクで明かりをとった。寝床となるエリアに防水シートを敷き、その上にエアーマットを敷く。仮眠時は毛布と寝袋を用いる。壕の中央の溝にはストーブを設置して暖をとった。

宿営地に着くと新隊員は真っ先に歩哨につけられたり、食事受領などの作業に充てられたりした。宿営に必要なものとして便所がある。便所は地面まで掘らなければならない。掘っても掘っても、なかなか地面は現われない。いらだちながら作業を続けて約四メートルばかり掘ると、やっと腐葉土にスコップが突き刺さった。見上げると雪の層に圧倒される。それからさらに地面に穴を掘って完成となる（その後の演習では、地面を掘らずに一斗缶等を利用して回収するようになった）。

雪壕の中では、ストーブの傍にいるとストーブに面した体の前面は温かいが腰あたりが冷える。上部のスキーに、濡れた手袋や靴下をぶら下げて乾燥させた。防寒靴はしばらくストーブの周りに置いていた。夜食としてインスタントラーメンを煮る。冬山のラーメンは体が温まり、この上ないうまさだった。

仮眠時は防寒靴が凍らないように寝袋に入れるのだと教えられ、足の間に入れて寝た。寝ていても底冷えがして目が覚めるし、防寒靴も冷たかった。

八甲田演習初体験の新隊員は、体力不足とその経験のなさからバテたり寒い思いをした。厚着でバテ、薄着で震え、あるいはスキーの止めワックスの調整が悪くスリップしたり、滑らなかったりしてバテてしまう。どうしても経験がないため今一つ準備不足、要領の悪さがあった。もし凍傷になるとしたら、新隊員か初参加者が最初となるだろう。

二日目はまだ暗いうちから撤収を始め、薄暗い中、前進を開始した。賽《さい》ノ河原〜按《やす》ノ木森《のきもり》〜中ノ森と進む。経路は県道上だが、歩兵五聯隊が行軍した経路と大きく違っていないだろう。この辺りは元小屋沢沿いの吹き上げる風と、前嶽からの吹き下ろす風がぶつかる。高さ一〇メートルを超える雪庇《せっぴ》があったり、長さ数十メートルの雪庇があったりした。進路啓開（道を切り開く）部隊は安全のため雪庇を崩し、通行路をならしたりした。

この日は馬立場での参拝行事のため、連隊長、連隊幕僚、中隊長等は先行していた。前進中に銃声がこだまする。馬立場で弔銃《ちょうじゅう》が行なわれたのだった。

雪下の県道は一段と高い馬立場（標高七四二地点）を避けて右に迂回するようになっていたが、連隊はわざわざその急な斜面を登らせた。いくつものアキオが馬立場に登っているのが見える。みんな登っているので大丈夫だと思ったが、自分が足を引っ張って登れなかったらという不安の方が強かった。

軽装でもスキーをはいて急斜面を登るのは大変なのに、重装備でしかもアキオを曳いて登るのだ。逆ハの字に大きく開脚してスキーのエッジをきかせて踏ん張り、後方に突いたストックを力いっぱい押して片足を前に踏み出す。急な斜面なので踏み出したスキーのトップは目線を超える。四人が「イチ、ニ、イチ、ニ」と声と足を合わせて一歩一歩進んだ。

雪が風で吹き飛ばされ、ところどころに枯れ草が見える頂上付近に、連隊長などがいて登ってくる隊員に声援をしていたらしいが、必死にアキオを曳く隊員には、誰かいたなぐらいしか記憶になかった。

献花された銅像を横目に通りすぎ、前嶽方向に下ると、雪に埋まり屋根だけ見える建物があった。ここは県道四十号線と火箱沢林道の交点で、建物は銅像茶屋だった。

ここからは起伏の比較的緩い県道上を東に進む。五〇〇メートルほど行くと右から左に延びる沢が鳴沢だった。前嶽の中腹から馬立場の東端を通って駒込川に下る鳴沢は、県道を越えると大きく幅を広げ、一段と深くなっている。鳴沢に入ると、右手に遭難した二大隊が二日目に露営したとされる場所が見える。そこは猛吹雪をまともに受けなかったかもしれないが、二百名近くが固まっていたとは思えないほどの狭さだった。

鳴沢を登りきった稜線上、小高くなっているのが標高六七一地点である。その辺りから左手前方に田代平の平原が広がる。もう少し進むと、五聯隊が一日目に露営した場所となる。この辺り一帯は平地で、風雪を考えたらこんな場所に露営はしないと思われた。演習部隊はすっかり疲れてそこから動けなかったのだろう。

しばらく林道が続いた。目的地や経路を知らない新隊員にとって、同じような景色が続く行進は結構きつかった。大滝平から南東へ約一〇キロ進んだ場所が二日目の宿営地篝場で、到着は十四時頃だった。ここは夏の休日ともなると行楽客が押し寄せ、バーベキューやお弁当を広げるなどして楽しんでいた所だった。

演習三日目、篝場の宿営地を出発してから三キロほど進むと、大中台が左前方に見える。斜面はスキー場のゲレンデのように木がほとんどない。大中台を過ぎると、増沢までの経路は下りとなる。急斜面上にあるこの経路は雪崩の危険があった。また、ところどころに急な下りもあるので、重量のあるアキオの制御がうまく対応できないとアキオが暴走し、けん引している隊員がアキオにひかれることもある。そこはモトの腕の見せ所だった。慣れたモトはウマの三人のロープを離して、一人でスピードを落とすことなく斜面を下った。

北股沢と熊ノ沢川が合流する所まで来ると、あとはゆるやかな下りとなる。道路の右に熊ノ沢川が流れ、両側は山となっている。スキー行進がどこまで続くのか見当もつかず、ストックを突いて進んでいた。二キロほど進むと自衛隊の大型トラックが見える。増沢の集落まではあと五キロあまりだった。状況がよくわからずさらに進むと、他中隊の隊員がアキオを積み込み、背のうを下ろして乗車しているのが確認できた。ようやく演習が終わることを知った。班長から乗車する車両が示されてスキーを外し、アキオやスキーを積み込み乗車が完了すると、すぐに車両は走り出した。箒場からここまで一二、三キロだったが、大中台以降は下りだったので随分と楽だった。何が何だかよくわからずただひたすらアキオを曳き、雪を掘った八甲田演習が終わった。安堵と達成感で疲れは感じなかった。

増沢～十和田市～野辺地～平内と国道四号線を北上して、駐屯地までは二時間余りかかる。水分を吸収した靴の中はすっかり濡れていて足が冷たくなっていたが、何も処置せず我慢していた。

それから八甲田演習には十回ぐらい参加している。八甲田演習を何度か経験すると、準備が格段と向上する。また、市販されている冬山用の防寒衣類も使用した。おかげで多少なりとも余裕をもって行動することができた。八甲田は他の演習とは異なり、どちらかというと冬山登山に近い。それに他の演習では感じられない危険を感じるのだった。どうしても明治の遭難事故が頭をよぎり、準備に用心深くなる。

*

八甲田山での遭難事故は今も毎年のように発生している。といっても自衛隊が遭難しているということではない。八甲田山は山スキーで人気があり、シーズンともなると多くのスキーヤーやスノーボーダーが、日本のみならず海外からも訪れる。交通の便がよく気軽に行けるのだが、荒れると数メートル先が全く見えなくなる。遭難事故は悪天候に起因した場合が多いようだった。

五連隊は冬季になると山岳遭難救援隊を編成する。八甲田で遭難が発生し、自衛隊（第九師団）に災害派遣要請があると、五連隊の救援隊が出動することになる。

平成十三年二月には二日続けて遭難があり、五連隊の山岳遭難救援隊はいずれにも出動している。一件はスキーでの登山者二名が悪天候のため道に迷い、一週間テントでビバークし無事救助されたもの。もう一件は四人のスキーヤーが吹雪で迷い、一昼夜山中でビバーク、翌朝、自衛隊ヘリが四人を発見し、地上の捜索隊が接触して自力下山となった。

一件目の遭難は冬山登山の準備をしっかりやっていたから生還できたようだ。テントで降雪と風を避け、コンロで暖をとり、あるいは雪を溶かして飲み水とした。二〜三日分の食糧を小分けにして食べ、じっと動かず体力を維持した。酷寒の八甲田で一週間耐えられたのはそうしたことからだった。

二件目の四人は、コースを外れて滑ったことが迷う原因となってしまったようだ。当時は吹雪で視界が悪く、コースに戻ろうとさまようちに、全く方向を見失いビバークを決めたという。携帯電話で家族に「四人とも無事で、山中に穴を掘ってビバークしている」と連絡もしていた。焦って動き回らなかったことがよかった。

出動した隊員は、雪深い現場においてスキーで山を登り、急な斜面を下って捜索した。遭難者をアキオで搬送もした。だが、隊員は災害救助のプロではない。そのために特別な訓練をしているわけでもない。隊員はあくまでも戦士であって、雪中における機動力発揮のためスキーで走り込み、ゲレンデでターンを習得し、演習などでアキオを曳行してきたのだ。それに八甲田山で冬の演習も経験している。何より隊員が危険に物おじすることなく行動するのは、国民を守るという任務を当然としているからだった。

久留米の陸上自衛隊幹部候補生学校入校中に、次のような課題があった。

「八甲田雪中行軍において五聯隊が失敗し三十一聯隊が成功したのはなぜか。またこのことから指揮官としてどうあるべきか」

十五年前に映画を見ただけで詳細はわからないので、新田次郎の『八甲田山死の彷徨』をさっと見て適当にまとめた。何を書いたのかよく覚えていないが、おそらく失敗の原因と成功の要因を書き連ね、それを教訓として指揮官としてこうあるべきだと書いただろう。全く薄っぺらな内容だったと思う。遭難事故を調べ始めてから、この課題のことを思い出すたびに自らの浅はかさを悔やんだ。そもそも小説を基にするような課題が間違っていると思うのだが……。

幹部に任官後、五連隊の隊員として雪中行軍の遭難事故をよく知らないままではいけないと思い、それらについて調べ始めた。手始めに事故に関する文献を集めた。古本屋、国会図書館、東北管内の図書館等を回って手掛かりを探した。

調べ始めるとすぐに、事故の経緯が小説や映画とは少し違うぞと感じとることができた。改編後の五聯隊は八甲田で訓練したことがないのではとか、夏季に時速四キロで行軍する軍隊が、雪中時速五・五キロで行軍しているなど、疑惑が次々に浮かび上がる。また、当時の軍隊事情も知ることができた。例えば、新兵を教育する要員は演習参加が免除されていたとか、朝礼前の間稽古《まげいこ》（練習）として銃剣術が行なわれていたとか、小銃の木部に亜麻仁油を塗って手入れをしていたなど、今の自衛隊も同じようなことをしている。明治の陸軍と自衛隊とは根本的にあまり変わらない。将校、下士及び兵卒の地位・役割、指揮・命令、教育訓練、営内生活、慣例、習性等が面白いほど同じだった。そのようなことから将兵のものの考え方や、言動の意味するものがおよそ理解できた。特に虚偽はわかりやすく、真実が浮かび上がってくるのだった。

第二章　遭難前史

第八師団新設の影響

青森県に最初に軍隊が設置されたのは明治四（一八七一）年のことだった。東北鎮台（仙台）の第一分営が弘前に置かれた。旧津軽藩士一〇〇名あまりから編成されたこの部隊を「二十番大隊」と称した。のちの歩兵第五聯隊である。五聯隊となってからの初陣は明治十年の西南の役で、熊本、鹿児島の各地を転戦し凱旋した。その後の出征は日清戦争で、明治二十八年となる。五聯隊は八師団において創設が一番古く、歴史と伝統があった。

五聯隊が屯営する営所を地図で確認してみると、なぜここに設置されたかに気づかされる。東約〇・六キロに駒込川、西約〇・二キロに荒川、北約一キロでその二つの川が合流する。南は八甲田山の裾野となっていた。つまり南側以外の三方向が川に囲まれた天然の要塞となっていたのである。

この辺りは筒井村といわれ、「新撰陸奥国誌」にはこう書かれている。

〈青森の東南に当り行程一里家五十八軒田多畑少し、四方平曠《へいこう》にして土地中之中、東に駒込川あり……鎮台営所　本村の北続にあり地礎東西百七間半南北二百二十間、明治六年癸酉《みずのととり》営作を創め未だ落成せず〉

およそ東京ドーム一・六個分となる営所の建設が明治六年八月に始まったが、明治九年になっても完成していなかった。

さかのぼって明治五（一八七二）年、軍備拡張にともなう新営所設置の実地調査が、その筒井村で行なわれた。陸軍中将を長とした調査団は青森町（後の青森市）の浅田理助方を宿舎とした。調査の案内は理助が実施している。翌年、筒井村に兵営設置が決まると事件が起きた。土地を手ばなしたくない筒井村の農民は用地買収反対をとなえ、手に鍬、鋤を持ってその矛先を役所ではなく、宿舎となった浅田家に向けたという。役所の依頼で調査団を宿泊させ、案内した理助に非はない。お門違いもいいところである。

この事件は、青森県権令（知事）菱田重禧《ひしだしげよし》が発した次のような告諭書によって沈静化した。

〈この度、筒井村付近に兵営所を建設するために、田地を買いあげることになった。村内に苦情を訴える者もあるようだが、これは世の中の動きを知らない心得違いである。

（中略）

一、二町歩の田畑を相当の価いで買い上げられるぐらいで、その村の盛衰に関係する理由は絶対にない。兵営が出来れば有事の際に人民を保護するのはもちろん、無事のときでも、自然その地の繁栄になることだから、ありがたくお受けして、心得違いのないようにしなければならない〉(青森市史編纂委員会『青森の歴史』)

農民がその不満を用地買収に関係のない住民にぶつけたことに、彼らの気質が表われていた。上には何も言わないが、下には鬱憤《うっぷん》を晴らすのだった。およそ当時の農民がお上に反抗するなどとんでもないことで、不満に思いながらもあきらめるよりなかったのである。

明治十一年、その村には場違いなルネサンス様式の木造二階建て兵舎が営所に建てられた。歩兵第五聯隊本部である。玄関の柱が円柱で土台が円座、玄関の明り取りは半円となっていた。そして、正面の中央上部には菊の御紋が飾られている。山吹色に輝くその威光は、営所の内外に示された。

営所では当初一個大隊の六〇〇名ほど、爾後《じご》、聯隊編制となって二〇〇〇名近くの将兵が生活することになる。明治二十九年の青森町の人口が二万四二八二人、隣の浦町村が二四四七人である。営所の設置は、活気にあふれた村が一つ増えるのと同じだった。用地買収反対の農民を諭した菱田青森県権令が言ったとおり、営所周辺地域は栄えた。食料、生活用品などの消費は大量で、それは取りも直さず地元の利益に貢献した。新しい道路ができ、町並みが揃っていった。営所近くの通りには小店が並び、日曜日になると兵士の往来で賑わったという。

三国干渉後の明治二十九年、陸軍団隊配備表及び陸軍管区表の改正によって師団が六個（近衛師団を除く）から十二個に増設された。師団の編制は約一万人なので約六万人の増強となる。その内の第八師団が弘前に設置されることになった。

八師団隷下の基幹となる歩兵聯隊は、第五聯隊（青森）、第三十一聯隊（弘前）、第十七聯隊（秋田）、第三十二聯隊（山形）の四個である。旅団は、五聯隊及び三十一聯隊から成る第四旅団（弘前）と十七聯隊及び三十二聯隊から成る第十六旅団（秋田）である。ただ、旅団は運用上の編制で、旅団司令部は旅団長以下五名で参謀はいない。平時における活躍の場面は、師団機動演習での旅団対抗演習、陸軍特別大演習、他に連隊対抗演習の統裁官ぐらいで、普段は必要のないものだった。

改編前の五聯隊下士卒は弘前三十一聯隊へ随時移転となり、その徴集は青森県、岩手県の二戸郡、南九戸郡、北九戸郡からなされた。改編後、五聯隊の徴集は岩手県（二戸郡、南九戸郡及び北九戸郡を除く）、宮城県の登米郡と本吉郡と栗原郡からなされる。

改正が完了すると、五聯隊の下士卒は岩手県出身者が多数を占め、残りは宮城県出身者がほとんどとなる。青森県出身者が多数だった以前の五聯隊とは違った伝統・文化が形成されていく。それは一番古く伝統を持った五聯隊の看板を掲げているが、中身は新品の看板なのだった。

自衛隊で「新編部隊には行くな」と、何度か聞いたことがある。新編部隊は歴史と伝統がないので帰属意識が低く、まとまりがないので業務が円滑に進まない。また、一般的に規律、士気も低く、事故が起こりやすいというのが理由だった。それは旧軍からずっと言われてきたことなのだろう。

三十一聯隊は元五聯隊の下士卒が多数を占め、その伝統・文化が継承される。つまり三十一聯隊の中身は五聯隊なのである。そして、下士卒のほとんどが青森県人からなる三十一聯隊は、郷土部隊として青森県民に親しまれていくことになる。

ただ、明治四十年の連隊区の改編で、五聯隊の徴兵管区が青森市、下北郡、上北郡、三戸郡、東津軽郡、岩手県の九戸郡、下閉伊郡、二戸郡と新設の青森連隊区となり、三十一聯隊の徴兵管区が盛岡市、上閉伊郡、気仙郡、岩手郡、東磐井郡、西磐井郡、胆沢郡、紫波郡、稗貫郡、和賀郡、江刺郡の盛岡連隊区となる。それによって両連隊の兵士は逆転し、五聯隊は青森県出身者が多数となり、三十一聯隊は岩手県出身者の部隊となってしまうのだった。

考えてみるとおかしなことに気づく。八師団は青森、岩手、秋田、山形の四県を管轄している。徴兵・召集の業務を実施する聯隊区は各県にあるが、師団の基幹部隊となる四個歩兵聯隊は岩手県を除く三個の県に配置された。戦略的に見ればロシアと対峙する日本海側の青森、秋田、山形が重要となる。また、日本海から太平洋進出の航路となる津軽海峡を制するに青森県が重要だった。日本海側と津軽海峡の二正面を守らなければならないので、青森県に二個の歩兵聯隊を配置させるのは妥当である。ただ一説によれば、戊辰戦争で官軍に反抗した南部藩の地だった岩手県が、新政府から冷遇されたともいわれている。

もし青森県に二個の歩兵聯隊がなかったら、つまり岩手県に歩兵聯隊が置かれていたら遭難事故は起こらなかったと考えられることから、この軍備の新編・改編が遭難事故の遠因であったともいえよう。

実戦化が進む雪中行軍

陸軍の訓練練度は、農作物の収穫を終えた十一月がピークになるよう計画されている。この時期には機動演習や天皇を統監とした特別大演習が実施された。一年の総まとめが終わった十一月末には兵卒の約三分の一が満期除隊し、その補充として翌一日には新兵が入隊する。兵員数はほとんど変わらないが戦力はガクンと落ちる。十二月から三月までは新兵教育と二年兵及び三年兵の各個教育が主体となる。だが雪国の部隊は違った。新兵を除く兵卒には雪中における中隊規模の行軍や戦闘行動等の練成が行なわれた。

第八師団長、立見尚文《たちみなおふみ》中将は雪中行軍について新聞でこう話している。

「雪中行軍は我師団が寒国の義務として務めねばならぬもので毎年執行し昨年は岩木山の山腹を横ぎり一昨年は八郎潟（秋田）の結氷に聯隊行軍を試みた……既に雪中行軍と云う故に冱寒厲雪《ごかんれいせつ》行路最も難しとする折を選み行軍するが常である」（明治三十五年一月三十日、報知新聞）

その考え方が師団隷下各隊員まで徹底されていたことは、小原証言でわかる。

「雪中行軍を極めるということは、八師団がこの雪中における戦闘は、軍隊の最もその使命といわれたんですね。それで毎年、雪中行軍はやったんです。だけどその前の三十四年までの雪中行軍というのは、国道とか県道とか人の往来する道路を行軍したわけなんです。それがこれからロシアとか満州と戦う件では研究にならんと、それで今度は絶対人馬の往来しない深い雪を踏んで、道路のわからない所を行こうというのが、その行軍目的の第一課目だったんですね」

三国干渉以降、日本はロシアを仮想敵として軍備拡張を進め、軍は戦闘力の向上を図った。八師団の地位・役割として、積雪地における戦術行動の研究は当然としてあった。まさか雪の中では戦えないと言えるはずもない。

立見師団長が明治三十三年の天皇拝謁時に上奏した言上の控えがある。積雪時の訓練に関して抜粋するとこうなる。

〈冬期間に於て各隊は年々積雪の軍事上に及ぼす景況を知悉《ちしつ》せん為め、種々の試験を施行し又特に各隊に命じて施行せしめつつあり……尚お此種の試験は寒地軍隊の義務として後来も続て施行し以て完全の結果を得んことを期す〉（明治三十三年三月、陸軍省肆大日記）

明治三十一年以降の五聯隊と三十一聯隊は雪中訓練を活発に実施していた。師団は着々と積雪地の戦闘能力向上に努めていたのだった。

先の小原証言で注目すべき点は、明治三十五年の雪中行軍について、

「絶対人馬の往来しない深い雪を踏んで、道路のわからない所を行こう」

としていることだ。明らかに師団は訓練基準を引き上げていた。額面どおりに受け取ると、いきなり未知の場所で訓練を実施するような印象を受けるが、実際には事前偵察や準備訓練を実施するなどして綿密な訓練計画を作成したうえでの実施となる。

一月二十六日の東奥日報も「本年の雪中行軍は殊に山岳を横断して……」と伝えていた。師団がより実戦的な訓練をしようとするのは当然のことで、軍隊における訓練の本質である。

師団長の上奏にあったように、師団は隷下の歩兵聯隊に雪中訓練の命題を与えて訓練管理していた。命題は年に一個聯隊だけに与えられ、各聯隊が四年に一度あたるようにしていた。

「本年は第五聯隊の順番に当り雪中露営の目的なりしが……」（一月三十日、報知新聞）

五聯隊はこの年、雪中露営について研究しなければならなかった。

命題を与えられた聯隊は、例えば聯隊の三個大隊がそれぞれ訓練をするとした場合、一個大隊は師団の命題を研究し、他の二個大隊は聯隊計画で実施するようにしていた。

三十三年二月に実施された訓練は少し変わっていた。

三十一聯隊の混成一個大隊（三大隊）と野戦砲兵第八聯隊の一個中隊から成る連合軍と、対抗部隊（仮設敵）となる五聯隊の一部とで遭遇戦をしている。統裁官は友安《ともやす》治延《はるのぶ》第四旅団長、審判官は師団参謀長、野戦砲兵第八聯隊長、三十一聯隊長等だった。

この訓練は歩兵と砲兵の協同連携に重点が置かれていたようだ。

その実施前となる二月四日に、八師団参謀長が五聯隊長と教育上の協議をしたことが新聞に載っている。わざわざ師団参謀長が出向いていることから、おそらく連合軍の対抗部隊差し出しのお願いとその行動要領が調整されたに違いない。

師団が主導的に関与していて、冬季の訓練としてはこれまでになく大掛かりな演習だった。

この訓練は師団が聯隊に付与した命題というよりも、師団の研究というような傾向が強かった。

遭難した二大隊の訓練は先の連合軍のように統裁官や審判官がいないので、本当に師団の命題だったのか疑わしく思ったが、五聯隊への命題は雪中露営となっていたので、仮設敵も審判も必要ないことからその通りなのだろう。

命題は自隊で研究し、その成果を上級部隊に報告するのが一般的である。それにこの年は三十三年のように師団が関わる演習はなかった。秋田魁新報と米沢新聞を見る限り、第十七聯隊と第三十二聯隊の訓練は通常の行軍だった。

ちなみに、宿営法には民家に宿る舎営、舎営すべき民家が不足のときは残りが露営となる村落露営、露天に宿る露営の三つがある。雪中での露営は一番厳しい状況下での宿営となる。

明治三十三年二月八日に五聯二大隊は雪中露営を実施していた。二月十一日の東奥日報によると、この演習は接敵下で実施され、兵士は雪壕の中で立ったまま朝を迎えている。当時の雪中露営は貧弱だった。テント（天幕）は装備されていないし防水シートもない。やっていたことといえば、雪を掘りその壕の中で立ったまま休むことぐらいなのだ。もし準備できたとしても藁と毛布ぐらいで、横になって仮眠することはとてもできない。

同じ時期に三十一聯隊のある中隊長も雪中露営を研究していた。高木勉著『われ、八甲田より生還す』の巻頭に「明治天皇の天覧に賜った雪中野営訓練」とする写真が三枚載っている。本文にこう書いてある。

〈弘前市西南の原野で雪中露営演習を実施した。いずれも、それまでの陸軍の記録にはない珍しい試みで、その状況は「兵事雑誌」に発表されて注目を集めた。このうち露営のさいの構築物の写真は、明治天皇のお目にもとまって、福島大尉をいたく感激させたのである〉

福島大尉とは著者、高木勉のおじ福島泰蔵《ふくしまたいぞう》大尉である。この本は福島大尉の残した記録や手紙などを基に書かれていた。

巻頭の写真に写し出された構築物は明らかに「かまくら」で、一枚目の写真は長屋のようなかまくらだった。高さ約二・五メートル、幅十数メートル、奥行き数メートルの雪の台正面に五カ所横穴が掘られている。中央の穴に立哨一名、左右それぞれの穴に四、五名の兵士が密着して座っていた。雪中露営について研究した結果、そのような「かまくら」にたどり着いたのだろう。

五聯隊と三十一聯隊の雪中行軍は、これまで舎営が一般的だった。その理由は宿泊に必要な食糧、燃料、炊さん器具等を携行する必要がないからである。というよりは雪中において露営する能力がほとんどなかったと言った方が正しい。一個中隊が雪中に一泊する場合、露営に必要な物品は八〇〇キロほどになり、それを自分たちで運ばなければならなかったのである。

日清戦争で日本陸軍は真冬の朝鮮、満州、遼東半島、山東半島に侵攻したが、厳しい寒さで露営は苦労したようだ。雪が積もっていたが敷く藁はなく、暖を取る薪もないことがあった。また、宿営に必要な荷物が近くになかったりした。陸軍にとって、雪中露営は早急に解決しなければならない切迫した問題だったに違いない。

翌三十四年の五聯隊三大隊も雪中露営を実施していた。五聯隊はこの頃からすでに師団の命題に備えて訓練をしていたのである。だが、計画的な練成や研究が実施されていないこと、聯隊内の横の連携がなかったことが三十四年の演習と遭難事故から判明する。

岩木山麓雪中行軍と五聯隊の失態

日露関係の悪化が進み、軍部は対露戦のため戦闘力の向上と実戦的訓練を推し進めた。

そのようなときに実施された岩木山麓雪中行軍が師団長に評価された。その結果、小原証言にあったように、前年までは国道や県道などの人馬往来する道を行軍していたが、三十五年は人馬往来しない深雪で、道路のわからない所で訓練しなければならなくなったのである。それで各聯隊は人里離れた山奥に訓練場所を求めたのだった。

そのきっかけとなった明治三十四年の岩木山麓雪中行軍は、三十一聯隊の福島大尉が計画したもので、下士候補生八十六名に対して行なわれた。第一部隊は当初岩木山麓を旧街道といわれた東回りで鰺ヶ沢に前進し、爾後、青森へ進出。第二部隊は岩木山を西回りで鰺ヶ沢に進出した。東回りは岩木山の裾野を進む比較的なだらかな経路である。西回りは麓の常盤野まで山道を登り、その後起伏のある山岳路を下る経路だった。

険しい経路を進む第二部隊は福島大尉が率い、下士候補生十六名、見習士官一名、看護手一名で編成された。西回りの山岳路は予想通り困難を極めた。『われ、八甲田より生還す』に福島大尉の記録が載っている。

〈第二部隊は、岩木山脈丈余りの積雪を意に介せず、昼も行き、夜も行き、疾風霰雪を冒して、丘をよじのぼり、饑え、凍え、疲れ、昏瞑して倒れた。四辺に人家なく、火を得る手段なく、倒れし者、介抱するもの僅かに一片の餅と一杯のブランデーにて蘇生した。鋭気を鼓してまた進み、特に、松代村の断崖、鍋河岸を通過する時の如きは、日すでに暮れ、風雪ますます劇しく、寒気は氷点下八度と降り、昏瞑して倒れし者は雪のために埋められ、一歩を誤まらば奈落の底に沈むを知らず。之れが介抱をなすものは匍匐《ほふく》して動き、雪を泳いで辛うじてすすんだ〉

高木の本に載っているのはここまでだった。その続きは二月十六日の東奥日報で見ることができる。高木がその部分を本に載せなかった理由が、その内容から何となくわかる。

「時に河を隔てて火元の点々たるを認む。之れを呼べば松代村土人の炬《たいまつ》を燃やし来るなり。土人は最初軍隊の呼声を聞き付け炭焼人の道を失したるものと思い救援に出て来たりし者なり。然るに其軍隊たるを知り極めて慇懃《いんぎん》に疲労者を保護し又軍隊の為めに全村挙げて奔走尽力せり。其厚意頗《すこぶ》る賞す可《べ》し。此所にて暫時休養の後尚進んて鰺ヶ沢に到着す。其困難の有様は尋常にあらざりしなり、幸に第一第二部隊共に多くの傷病者なく夫々目的を達し……」

常盤野から五キロあまり先の若松から松代村までの数キロは、深い谷が入り組み難所だった。松代村からは傾斜が緩くなり、鰺ヶ沢までの経路は中村川に沿って延びていた。第二部隊は松代村民の助けがなければ相当危険な状況だったことがわかる。

明治三十四年二月十五日の東奥日報がこの行軍を称賛している。

「其壮快に至りては各師団に対して大いに東北の軍団たる本色を表するに足ると覚う。我が同郷なる弘前の少壮輩にして他日軍国の志あるものは親しく雪中行軍の実況を見聞せんことを望む（碧山生《へきさん》）」

壮挙には違いないが、一か八かの危険な冒険だった。

以前、五連隊の冬季検閲で、この西回り経路の更に岩木山寄りを北から南へスキーで行進したことがある。六時頃に鰺ヶ沢を出発し、十五時頃には岩木スカイラインの料金所付近へ到着した。吹雪くことはなかったが、平地に比べ冷え込みは厳しかった。難所を避けたコースだったため特に困難はなかった。しかし、福島が訓練をした当時の天気は一昼夜猛吹雪で、第二部隊は急峻で深雪の経路を徒歩で行軍している。当時の貧弱な被服・装備を考えると、危険極まりない無謀な計画だったといわざるを得ない。
先の新聞記事に「多くの傷病者なく」とあった。雪中行軍における傷病の第一に考えられるのは凍傷である。下士候補生らは吹雪の中一昼夜近く行軍していた。特に第二部隊は雪深い山中を歩いている。翌年の田代越えのときにも福島大尉は十名ほど凍傷患者を出していることからすると、岩木山の行軍でも凍傷患者を出していたのは間違いないだろう。自衛隊の訓練において凍傷が発生したら事故となり、問題となって部隊はしばらく揺れることになる。それは凍傷が個人の管理ばかりでなく、指揮官あるいは教官の指導と管理が不十分なことに起因するからだ。

福島の訓練を受けた下士候補生は、短期下士と長期下士の二種類からなる。短期下士は徴兵期間三年の最終年に伍長となる。長期下士は任用されてから三年目初日に伍長となり、永続勤務が可能だった。

軍備拡張により下士の補充が困難となり、それを補うため従来の下士制度を改正し、各聯隊が下士の養成を実施することになった。特に長期下士は志願者が少なく、部隊にとっては虎の子である。精強な下士を育成するために厳しい訓練は行なうが、大切に育てるのが当たり前なはずだった。

福島は聯隊の見習士官、下士候補生等の教育を担当する教育委員であるが、彼はあくまでも三十一聯隊の中隊長であって候補生たちの指揮官ではない。各中隊に配置されている候補生の管理責任はその所属中隊長にある。福島は教育のために預かった下士候補生を危険な目に遭わせ、傷病者を出した責任をどう考えていたのか。

翌年も同じようなことになっているのだから、重くはとらえていなかったようだ。当時は凍傷について軽く考えられていたのかもしれない。下士候補生は自らの研究の道具にしか過ぎなかったのだろう。当時、福島は三十五歳となっていた。陸大に入っていないためエリート街道から外れている。階級が上がったとしても、よくて中佐だろう。非常に功名心の強かった福島ができることは実務で目立つしかなかった。そこで目を付けたのが雪中における訓練だったのだ。

もしかすると、シベリア単騎横断で名声を得た福島安正少将（当時）を参考にしていたのかもしれない。

そもそも自分の研究のために過酷で危険な訓練を実施するのであれば、自らの中隊を使うのが道理である。なぜそうしないのか。

中隊の約九割は徴兵された兵卒で、学歴は低く所作も打てば響くような隊員ばかりではない。一方の下士候補生は将来職業軍人になる意志を持ち試験によって選抜された者で、三年間学科と実技の教育を受け進級には試験もされた。

中隊の兵士と下士候補生とでは、明らかに精神面、学力面及び体力面において大きな差があった。福島は自分の中隊を見限り、教育委員という立場を利用して自らの研究のため、従順で能力の高い候補生を使い、危険にさらしたのだ。

ところでこの行軍に新聞記者は同行していない。高木が自著に載せた福島の記録内容と新聞記事が同じであったことから、福島が書いた記録をそのまま新聞に載せたのがわかる。

当時の東奥日報に載る軍関係の記事は、「碧山」のペンネームを使う齋藤武男記者によるものがほとんどだった。また、東奥日報の題字の下をよく見ると、発行人兼編集人が齋藤武男となっている。齋藤記者は漢詩をよくし、福島とは漢詩によって結ばれた親友だった。それを裏付ける記事が、明治三十四年十月二十六日の東奥日報にある。

「花輪出発の前夜予の知人なる福島大尉と会し其宿営に於て陣中の談を試む……宿主は……大尉と予とに詩を需《もと》む大尉は旧作遼東陣中の述談を録し余は宿舎当面秋色を写して共に宿主田中氏に贈る」

この福島と齋藤記者の関係があったためか、この頃から東奥日報に載る三十一聯隊の記事が多くなった。

この年の三十一聯隊における雪中行軍では、福島が率いた行軍隊は従でしかなく、主は馬渡秀雄大尉指揮の混成中隊だった。この編成は大隊の垣根を取り払い三十一聯隊の全中隊から選抜された下士卒が参加し、その総員は将校らを含め二二〇名余りとなっており、聯隊長の意図が強く入った編成となっている。期間は八日間で、経路は弘前〜黒石〜青森〜蟹田〜十三潟〜鰺ヶ沢〜弘前の総距離二三〇キロ余りになる。その間に攻撃戦闘、山地行軍、氷上通過、夜間行軍等を実施している。それまでの雪中行軍に比べて期間が長く、訓練課目も多い。そしてこの行軍にはあの齋藤記者が従軍し、その状況を七回にわたって新聞に連載している。これからすると、三十一聯隊の雪中における研究は馬渡大尉が秀でていたようだ。

それに比べたら、福島大尉の岩木山麓越えは下士候補生を主体としたわずか十九名が実施したもので、無謀な冒険だったが、その困難さははるかに及ばない。だが、師団長はこの年における雪中行軍の成果として岩木山麓越えを挙げていた。どうも師団長は岩木山麓越えを評価していたようで、それが山岳での雪中訓練へと師団が基準を引き上げる結果にもなったのだろう。

『われ、八甲田より生還す』にこうある。

〈この雪中行軍の苦闘のあと……やがて、この福島大尉の頭の中で、青森の象徴的な

山塊である八甲田への雪中行軍の大計画が形づくられていくのである〉

福島は調子づいて、更に過酷で危険な雪中行軍を計画するのだった。その参考としたのは馬渡大尉の雪中行軍なのである。そしてその実験台となるのは、またもや教育期間中の下士候補生なのだ。利用できるものはとことん利用し、用がなくなればごみのように捨てる人間性は、後の田代越えで発揮される。

三十一聯隊の岩木山麓雪中行軍が行なわれた翌月の三月一日、東奥日報に五聯隊にとってその威信を失墜するような記事が載った。

「歩兵第五聯隊第三大隊にて去る二十六日、一泊行軍として将校以下二〇九名東郡瀧村孫内に赴きて露営したるが、炊事用に供する器具等は運搬し行きしも仝村大字岩渡より孫内までは積雪の為め超えること容易ならず。困難を極め居る所へ孫内よりは村民来たりて運搬に助力せり。而《しか》して薪等は軍隊にて買入れたるも尚仝村民は沢山の寄付して其の用に充てたり……」

青森市の郊外となる岩渡と孫内の一帯は丘陵地で、屯営から岩渡まで約一四キロ、岩渡から孫内までは約七キロである。

この辺りは自衛隊の行進訓練でもよく使用された地域で、行進計画作成時に何度も偵察した場所だった。岩渡と孫内間の経路は、岩渡に入ってすぐと孫内の手前に登りがあるくらいで、後は比較的平坦となっていた。孫内の村民が助力したとあるので、孫内村目前の五〇〇メートル余りのダラダラとした上り坂に違いない。そこで三大隊は進まない橇に苦闘していたのだろう。それにしても二〇〇名余りの将兵がいるのに一体どうしたのか。

橇が雪に埋まり進まなかったのだ。雪の中でもがいている状態は、まるで初めて訓練をしたかのような印象を受ける。何度も訓練を重ねていれば、橇が埋まらないように圧雪要領を考えただろうし、橇が滑るようにもしただろう。もしかしたら深雪に橇は使えないとなっていたかもしれない。明らかに訓練不足による失態だった。聯隊の教育訓練の責任は聯隊長にある。当時の五聯隊長は津川謙光《つがわやすてる》中佐だった。新聞に載ったこの不名誉を津川聯隊長はどう処置したのか。普通ならば、三大隊長に失敗原因とその対策を究明させ、再度実施させて聯隊長自ら確認するのが当然だった。しかし津川はそのようなことはやらなかったようだ。それは後に出てくる「不時の障害」という言葉がそれとなしに知らせる。

五聯隊はこの失敗ばかりでなく、三十一聯隊に比して雪中行軍の内容が薄い。例えば三十一聯隊が実施した長距離の行軍は今別（青森経由八八キロ）、三戸（一〇七キロ）などで数泊の行軍をしている。また、九二キロの強行軍（弘前〜鰺ヶ沢〜青森）

も実施している。五聯隊が実施した長距離の行軍は板柳（三六キロ）、金木（三七キロ）、野辺地（四二キロ）などで、一泊行軍だった。五聯隊の訓練が低調な一因は、やはり兵卒のほとんどが岩手県と宮城県出身で、青森の豪雪に慣れていないからなのだろう。

翌年の年明け早々、そのつけが回ってくる。八甲田において二大隊は行李の橇が大幅に遅れ、夜になっても目的地に到着できず、ついには遭難してしまった。三大隊の失敗はまさに大事故の予兆だったのだ。津川が真剣にその職責を果たしていたら、一九九名もの死者を出さずに済んだのである。

福島大尉が発案した八甲田越え

遭難事故が起きた明治三十五年における師団内の雪中行軍はどうなっていたのか。五聯隊と三十一聯隊については事故直後の師団長談話から知ることができる。

「雪中の行軍及び露営は年々行い来れる事にて此度も五聯隊より一組、三十一聯隊より二組を出だしたる事なるが、三十一聯隊の一組の如きは五聯隊の分よりも長時間の予定にて一層山奥深く進みたれど……」（一月三十日、萬朝報）

「元来今回の雪中行軍は此遭難隊計りで無く他に青森と秋田との堺《ママ》なる来満峠へ向う

下士候補生五、六十名と、八甲田山の山上を跋渉《ばっしょう》する下士百余名の二隊があった」（一月三十日、報知新聞）

三十一聯隊の二隊について、正しくは下士候補生らが八甲田越え、下士卒の混成部隊が来満峠である。

出発は三十一聯隊の下士候補生らが一月二十日、五聯隊が一月二十三日、三十一聯隊混成部隊は五聯隊の事故で三月に延期された。

三十一聯隊は二個部隊の実施となっていたが、一つは教育隊で戦闘部隊（一般部隊）ではない。福島大尉が率いた教育隊をわかりやすくいえば、福島大尉が教官、下士候補生が学生となる。一般部隊は戦闘力向上のために訓練をし、教育部隊は教育のために訓練をする。

新聞に載る雪中行軍の編成は一個中隊規模が多く、それもほとんどが大隊の各中隊から集成した混成中隊で、二〇〇名余りとなっていた。歩兵聯隊における雪中行軍部隊の編成は慣例的にそうなっていたようだ。

遭難した五聯隊の部隊編成もそのとおりで、演習中隊長は神成大尉である。もう一方の三十一聯隊は福島大尉以下三十七名で小隊よりも人員が少ない。この訓練に下士候補生として参加した泉舘久次郎が昭和十年出版の『八ッ甲嶽の思ひ出』にこう書いている。

〈翌三十五年一月士官候補生及び下士候補生を以て一隊を編成し、更に険峻なる八甲田山を踏破すべく一月二十四日屯営を出発した〉

出発日を誤っているが、確かに見習士官と下士候補生を教育するために編成された隊であることがわかる。教育隊が三十一聯隊を代表する部隊となるはずもなく、ましてや五聯隊の一般部隊とは肩を並べられるはずもなかった。

師団長の談話には秋田と山形の聯隊についての言及はなかったが、各地元の新聞によると十七聯隊は二月三日から男鹿半島、三十二聯隊は一月二十一日から置賜地方に雪中行軍が計画されていた。

一月に雪中行軍が実施されたのは過去一回だけで、八師団が創設される前の明治二十六年一月二十七日に五聯隊が行なっている。

遭難事故の前年における五聯隊と三十一聯隊の雪中行軍実施時期は二月と三月で、特に二月下旬に集中していた。一月に雪中行軍が行なわれない理由には、積雪が少ないこと、雪が軟らかく締まっていないので歩きにくいこと、中隊規模の行軍を実施するには練度が不十分なことなどがあった。この年は三個歩兵聯隊が一月に雪中行軍を計画しているので、師団が雪中行軍を一月に実施するよう示していたのは明らかである。

では、師団または旅団は五聯隊と三十一聯隊に八甲田で訓練するよう指導していたのか。

その答えは小原証言にある。

「五聯隊と一緒にその行軍をやるなんてことはないと思っていた」

明治三十五年の雪中行軍に対する師団の指針を「人馬の往来しない深い雪を踏んで道路のわからない所を行く」と言っていた小原元伍長が三十一聯隊の八甲田越えを知らないのだから、師団及び旅団長が八甲田での訓練実施を示していないのは間違いない。

そもそも旅団長は聯隊に訓練の指針を示す立場にない。聯隊に訓練の指針を示すのは師団であり、その指針に基づいて聯隊を訓練するのは聯隊長である。旅団司令部条例でも聯隊の訓練は聯隊長の責任と明示されている。ただ、その続きに旅団長はこれを統監するとある。将官の旅団長に何がしかの任務付与をしないと格好がつかないということなのだろう。しかし、責任はあくまでも聯隊長にあるのだから旅団長が出る幕ではない。

八甲田での訓練指示について別の観点で考察してみる。

新年度の訓練計画は通常、前年度末（三月末）までに示達される。二月の新聞記事に、十一月の特別大演習の時期が三月上旬に行なわれる師団長会議で決定されるとあったり、徴兵検査合格者で現役に指名されなかった第一補充兵の招集訓練が、九月一日から三十日間とあったりしたことなどがそれを裏付ける。

春の時点で師団が雪中行軍は八甲田と示していたら、各聯隊は夏のうちに経路偵察なり準備訓練なりをするだろう。冬の八甲田での訓練はどこの部隊もやっていないのだから、入念な偵察や準備が必要である。

当時の新聞を見ると、夏に福島大尉が下士候補生を率いて行軍をしている。

「別項記載のかぎや中嶋旅店へ一泊せし第八師団下士候補生二十九名は弘前より十和田山を越へ三戸に赴き野辺地へ一泊一昨日は青森泊の上帰団せるものにして……」

「歩兵大尉福島泰蔵仝少尉高坂貢外伍長十七名は昨日来青かぎや投宿伍長十名は中嶋方投宿本日弘前行」（明治三十四年七月三十一日、東奥日報）

行進経路は弘前〜十和田山〜三戸と歩いているので、おそらく三本木までは冬の経路と同じだろう。それ以降は野辺地〜青森と陸羽街道を北上しているので、田代街道は歩いていない。この行軍は冬の行軍を想定したもので、その編成もほとんど同じだったに違いない。つまり福島大尉自らの中隊員でなく、聯隊から選抜された隊員でもない、福島大尉が教育を担当する下士候補生なのである。ただ岩木山麓雪中行軍、夏の行軍と訓練が行なわれていることに、福島大尉の一貫した研究心と緻密さが表われていた。

一方の五聯隊は、田代の現地偵察も八甲田での訓練も何もやっていないことが小原証言からわかる。

また、三十一聯隊の混成部隊は来満峠で八甲田に入る予定はなかった。それは師団長が八甲田と来満峠をはっきり分けていることからもわかる。ちなみに三十一聯隊は明治三十二年一月に来満峠を越えて三戸に至る道路偵察を実施している。

こうしてみると、やはり師団や旅団は八甲田で訓練するよう示していなかったのである。

三十一聯隊の八甲田越えは福島大尉が七月以降のある時期に決め、そして詳細は後になるが田代街道を経路と決定したのは行軍出発間際だったのである。『われ、八甲田より生還す』では、十二月に福島大尉が聯隊長に八甲田山系の雪中行軍を実施したいと願い出たとしている。また、出発前に福島大尉が父親に宛てた手紙の内容も載せていた。抜粋すると次のとおり。

〈……今回ノ行軍ハ、即チ積雪中ノ山嶽通過研究ニテ……弘前ヨリ中央山脈ヲ越エ、三本木平原ニ出デ、夫《そ》レヨリ又、八甲田山脈ヲ越テ青森ニ出デ……充分ニ成功セバ、之ヲ、天皇陛下ニ上奏スル次第ニテ、当第八師団ニオケル、前後無比ノ演習ニコレアリ候……〉

この文面からも八甲田越えは師団や旅団から示されたものでないということが、何となく読み取れる。もし上級部隊から二個聯隊に示された演習ならば、成功したら天皇陛下に上奏すると普通は書けない。その場合は、上奏されると書くだろう。また、八師団における前後無比の演習とも書けないだろう。

五聯隊の田代行きは聯隊長、二大隊長、神成大尉のいずれかが決めたのである。繰り返しになるが、遭難した五聯隊二大隊の名誉のためにはっきりさせておきたい。五聯隊は師団から示されていた中隊編成で、命題の「雪中露営」を研究した。そのため食糧、炊事具、燃料等を携行して雪中露営をしようとしたのである。

三十一聯隊の教育隊は、担任官である福島大尉の計画によって行なわれた訓練で、食事や宿泊は民家に頼った。俗に言われているように、参加者は体力が優れた者や地理に明るい者等特定の条件で選抜したわけではないし、軽易に動けるよう少人数の編成としたわけでもない。教育を受ける見習士官と下士候補生がそれしかいなかっただけなのである。

編成、目的、宿泊要領が全く違う二つの部隊を、どうすれば安易に「成功だ、失敗だ」と比較・判定できるのだろうか。

確かに福島率いる教育隊は田代越えができたが、その実体はあまりにもひどく、とても褒められたものではない。

社員研修やセミナーなどで『八甲田山死の彷徨』を教材として「リーダーとはいかにあるべきか」とか「危機管理はどうあるべきか」等をテーマとして、失敗の要因、成功の要因を取り上げたり分析したりしていた。それらの要因が実は正しくなかったとなれば、かつて分析から得られていた教訓とは一体何なのか。まったくの机上の空論にすぎない。

第三章　行軍準備

田代を知らず

五聯隊の遭難事故を知る上で重要な文書は、事故直後の一月三十日付で陸軍大臣に上申された『第二大隊雪中行軍に関する報告』（以下「大臣報告」という）、三月九日陸軍大臣へ師団長が提出した『歩兵第五聯隊第二大隊遭難顛末書』（以下「顛末書」という）である。次いで七月発行の『遭難始末』となる。これらはすべて五聯隊が作成したものだった。

大臣報告は、二十七日に救出された後藤伍長のみの証言で、遭難状況がよく分からないなか、五聯隊に残留していた将校らによって早急にまとめられたものである。内容は大隊長の採りたる行軍計画、後藤伍長の口述、在田茂木野の木村少佐報告等からなる。

顛末書は倉石大尉以下十数名の生存者がいて、一五〇名ほどの遺体が収容された状況で作成された。その内容は行軍計画、遭難の実況、捜索計画、遭難者着用被服明細表等からなっていた。また、神成大尉の遺体とともに発見された計画原稿を、そのまま掲載したとしている。この顛末書は一部内容を除いて印刷され、今後の訓練に生かすようにと各部隊へ配布された。

それにしても、神成大尉は後藤伍長と一緒に発見されているので、普通ならば計画原稿が大臣報告作成に十分間に合ったはずである。そこに五聯隊の対処のまずさが隠されていた。

遭難始末は顛末書を基とし、事故現場・捜索状況などの写真、経理、生存者の治療経過、家族応接、義援金配分、美談がまとめられた付録等から編纂されている。この書は遭難の状況や原因究明よりも、捜索計画や後方面などに重点が置かれていた。

遭難した将兵の遺した逸事が編纂中であることを聞き及んだ皇后は、立見師団長に出来上がったら差し出すよう話されたといわれている。それがこの遭難始末だった。遭難始末も顛末書同様、各部隊に配布されている。もちろん侍従武官長へも配布された。もっとも遭難始末に限らず、遭難事故に関するすべての報告は天皇に逐一奏上されていた。

とかく事故報告は都合の悪いことは隠蔽あるいはねつ造し、ちょっとした成果は誇張するのが常である。ご多分に漏れず、これら報告もそうだった。

陸軍大臣は遭難に関する取調委員を命じ、訓示している。その一つに行軍計画の調査があった。

「行軍計画の当否を審査し責任の帰する所を明らかにする事」

陸軍省内にも同期や親しい隊員もいるだろうから、その訓示内容は津川の耳にも入っていたに違いない。津川による責任回避の隠蔽工作はあきれるほど行なわれている。大臣報告、顚末書、遭難始末と報告時期が後になるほどそれはひどくなった。あえていうならば、津川によって遭難事故の真実が消されてしまったのである。

最後に作成された遭難始末の緒言にこう書かれている。

「抑《そもそも》田代越えは青森より三本木平野に通ずる唯一の間路にして、我聯隊の為めには兵略上最枢要の進出路とす。故に夏期に於ては数回之が通過を試みしも、未だ冬季に於て之が難易を試みるの好機を得ざるを遺憾とせり。昨年第三大隊雪中此間路を経て三本木に進出するの計画あり、不時の障害の為め遂に果さず。本年第二大隊の田代行軍の挙ある豈《あに》偶然ならんや……」

田代越えは戦略的に重要な道で夏には数回試みたとしていたが、小原元伍長は八甲田で訓練したことはないと言っている。

「八甲田は行かないですね。三本木、八甲田山辺り、夏なんかはあったでしょう。我々の時代にはなかったです」

小原元伍長は明治三十二年十二月に五聯隊へ入隊しているので、少なくとも事故の二年前から田代越えの訓練は実施していないことになる。

対露戦略を考えた場合、日本海側と津軽海峡に比べたら太平洋側に抜ける経路は重要度が落ちる。それを裏づけるのが、明治三十三年に五聯隊が作成した田名部近傍路上測図である。この地図は簡易測量で作成されたもので、野辺地から大湊・大畑までの経路と付近の地物が等高線や記号等で表わされていた。

明治三十二年には大湊に海軍の水雷団を設置するための用地買収が行なわれ、翌年には造成工事が始まっている。この時期に路上測図が作成されたということは、何かあったら五聯隊は下北半島に向かうということなのだ。

遭難始末で五聯隊が最重要だとした田代街道の路上測図がないことは、遭難事故当時に五聯隊自身が認めている。田代街道での訓練はしばらく実施していないし、実施する予定もなかったので路上測図も作らなかったのだろう。

明治二十九年の改編以来、五聯隊は田代街道で訓練していない可能性が高い。それとも田代越えをしたのは、明治九年の五聯隊創設以来数回ということなのか。だとすると人をバカにした話で、自分たちはやっていないのに、昔の五連隊の実績をもって自分たちがやったように装っているだけではないか。たとえ三十二年の秋に田代街道で行軍をしていたとしても、一年で兵卒の三分の一が新兵に代わる制度では、三十五年になると兵卒の経験者は一人もいなくなる。もし二十九年の改編以来田代街道で訓練していないとすると、田代街道を知る者は改編以前に五聯隊に所属していた古参に限られる。その古参にしても行軍経験者となるとおぼつかなくなる。

三大隊は雪の田代街道を通って三本木に進出する計画が、不時の障害でできなかったとしている。その三大隊は同じ時期に、八甲田の急峻な登りに比べたらはるかにゆるやかで短い孫内の坂を登ることができず、村民に助けられるという大失態を演じている。その大隊がいつ田代越えをやろうとしていたのか。過去にシーズン内で同じ大隊が雪中行軍を二回実施した記録はない。不時の障害とは孫内の失敗だったのではないのか。

三大隊による田代越え計画の真偽は不明だが、できなかったことをわざわざ書く意図は、二大隊の田代一泊行軍は急に計画したものではない、と強調することにあったのだろう。裏を返せば、急に計画したことだったのかと勘繰りたくもなる。報告は一事が万事そのような状態だった。なかでも遭難始末の行軍計画・実施状況、捜索状況は事実から一番遠い文書といえた。

山口少佐は東京府出身の士族で四十五歳になる。遭難事故の前年となる明治三十四年二月に山形三十二聯隊から五聯隊へ二大隊長として着任した。二大隊長は聯隊長から教育委員主座（委員長）を命じられていたので、見習士官や下士候補生などの教育も担当しなければならなかった。

神成大尉は秋田県出身の平民で三十三歳だった。五聯隊の所属は二等軍曹の明治二十一年五月からで、台湾征討時の台湾守備歩兵第二聯隊に一年半ほど所属した以外はずっと五聯隊である。五聯隊では一番の古参だっただろう。陸軍教導団出身でありながら明治二十八年に歩兵少尉、明治三十四年五月に大尉へ昇任し五中隊長となった。神成大尉はその在籍の長さから、田代街道の行軍を経験している可能性が高かった。

神成大尉は遭難事故前に予行行軍をしているが、このときには田代までは進んでいない。大臣報告によると、その予行行軍時に得た田代に関する情報がこう書かれている。

「田茂木野村土民の言によれば田代に住民一家族あり時々猟夫若くは樵夫のみ彼地に往来すと」

これが作文でなければ、演習部隊は誰も田代を知らないことを意味し、作文だとしたら、残っていた五聯隊の将校らは誰も田代を知らないことを意味する。いずれにしてもその程度の情報で冬山に挑んだとしたら、小原元伍長のいうとおり無謀だったといわざるを得ない。

「まるで各県から集まった兵隊だとか……青森の地形なんか分からんですからねえ、それがもう無謀に行ったんですから。だからああいう風になってしまったんですね、あんまりあそこの地形はわかりませんでしたけれど、目標ごとに行進したわけなんですけども名前ってどうなんでしょう、田茂木野あたりまでは部落がありますから、まだ向こうは全然……」

二大隊は地形を知らず山に入ってしまったのだ。五聯隊は改編前のそれとは全く違っている。人員数の調整で盛岡連隊区以外の下士卒が若干いるものの、下士卒のほとんどは岩手県と宮城県出身者となっている。

大臣報告や顚末書では行軍の目的地を単に田代としているが、明確にすると、それは田代新湯のことである。遭難始末の巻頭にある最初の写真説明に「田代新湯の景」とあり、続いて「行軍が目標とせし所は実に此地点にありしも……」と書かれていた。陸軍は一般に計画や命令において目標を示す場合、点ではなく地域で示すことが多い。

冬に人が住んでいたのは田代新湯である。何よりも経路上田代新湯は、田代元湯と違い駒込川を渡る必要がなかった。ただ、五聯隊の報告や隊員の証言などから、遭難前に田代新湯と田代元湯を区別して認識していたかという点についてはかなり疑わしい。また、たとえ神成大尉や古参者が田代街道の行軍経験があったとしても、田代新湯は街道から大きく外れた渓谷にあるので、その近くにさえ行くこともなかったはずである。

事故後、陸軍大臣の直命で現地入りした田村冲之甫少佐は、一月三十一日に大臣へ報告している。

「遭難地付近の地図を進達せしか為め種々捜索せしも皆無なり。路上測図なりとも聯隊に求めしに無しとの言なり又目下在隊者中此附近の地形を詳知するものなきを以て、小官昨日現地に至りし実見と聯隊隊員の記憶を集め殆んど想像図の如きものを製し御参考の為め進達せり」（陸軍省明治三十五年大日記附録歩兵第五聯隊雪中行軍遭難事件書類報告の部）

遭難地付近の地図はない、地形を詳しく知る隊員はいない、それが五聯隊の実態だった。

新聞の『日本』によると、田村少佐は遭難した部隊が地図を携行していないことについて詰責したという。それが誰なのか分からないが、可能性としては聯隊付（少佐）の可能性が高い。いくら陸軍大臣直命だとしても、上級者の聯隊長を厳しく問いつめるようなことはしないだろう。

手紙が証明した一泊行軍

先の三つの文書に記載された行軍準備に関する内容を簡単にいうと、計画は周到で無理なく、防寒対策や食糧も十分、予行も実施して問題がなかったとなる。だが、一つ一つ調べていくと食糧以外はことごとく虚偽であることがわかる。ずさんな計画、いい加減な予行、不十分な準備に愕然としてしまう。

神成大尉の直近の部下だった中隊付の伊藤中尉は、山形県出身の平民で神成大尉より三歳年上の三十六歳だった。彼は昭和十年の口演で、次のとおり述べている。

〈当時見習士官が在隊中でありましたので、我が大隊及び各中隊は見習士官のため何か特別な研究演習をすることになったのです。そこで神成大尉は雪中行軍を行う事になり、積雪未だ柔軟な時季に於て青森より田代を経て三本木平野に進出し得るや否や、先ず田代に一泊行軍を実施することになったのです。……中隊長は神成大尉で行軍の計画準備及び実施は凡て神成大尉に命ぜられたのでありました〉（『青森市史別冊雪中行軍遭難六〇周年誌』）

士官学校を卒業した見習士官田中稔と同今泉三太郎の二名が五聯隊に配置されたのは、事故発生の約二カ月前となる明治三十四年十二月一日だった。伊藤元中尉の証言から、雪中行軍計画の作成が始まったのは十二月頃となる。五聯隊は師団から雪中露営の命題が与えられ、その担当は実施時期からみて二大隊と判断できた。師団からの命題であるにしては、随分とその準備にのんびりとしている。神成大尉の計画についてて小原元伍長は次のとおり話した。

「ずっと前にはもう計画を立てて居ったんですね……将校会議を開き、いろいろ会議を開いて、それで決定してやったわけなんですが……」

いつから始めたのかは不明だが、何度も会議を開いて念入りに計画されていたようだ。しかし、田代の現地偵察をしないで計画が進むのは不思議である。教育訓練の計画作成にあたり、最初にやることは実施場所の確認である。普段から何度となく訓練している場所ならば省略もできただろうが、小原元伍長がいうように少なくとも二年間は八甲田で全く訓練をやっていないという状況で、現地偵察もやらずにまともな計画ができるはずもなかった。しかも冬は全くの未知なのだ。それらから判断すると、当初作成されていた計画は、田代でなかったのではと考えられた。

大臣報告は「大隊長の採りたる雪中行軍計画」という表題から始まるのだが、ここからすでにおかしいのだ。今回の訓練は中隊訓練であって神成大尉が計画を作成している。大隊長は神成大尉の計画を指導する立場であって、自らが指揮官として計画し訓練するわけではない。五聯隊は、この遭難事故となった訓練の責任者を大隊長である山口少佐とするために、そのような表題としたのだろう。その内容は計画とは異なり、行軍目的、編成・装備、訓練にあたっての大隊長判断・注意事項、準備の命令、予行行軍成果等から成っている。つまり、計画から本番出発までの状況を報告するものだったのだ。

大臣報告の行軍目的にこうある。

「田代に向て一泊行軍を行い、其経験に基き雪中青森より三本木平野に進出し得るや否やを判断し、若し進出し得るとせば戦時編成歩兵一大隊の為め青森屯営三本木間行軍計画並に大小行李特別編成案を立つるにあり」

目的の第一として、田代に一泊行軍し三本木へ進出できるかどうかを判断する、第二として三本木までの大隊行軍計画と行李編成を作成する目的があった。

顚末書には大臣報告と若干異なるが同じ内容の行軍目的があり、それとは別に神成大尉の行軍目的が次のとおり記載されている。

「積雪の時期に於て田代街道を三本木に進出する為め其通過の難易並び行李運搬法の研究」

何のためにやるのかわかるが、行軍すること、目標が田代であることを明記していないのでピリッと伝わらない。計画を読み進むと、田代までの一泊行軍であるのがわかる。

それ以前の問題として、一つの行軍訓練にどうして書き方の全く違う目的が二つあるのかだ。

この行軍の計画を作成したのは神成大尉なのだから、大臣報告に書かれた目的があることがおかしい。

大臣報告は、計画を作成した神成大尉は死亡しその文書もない状況において、救出された後藤伍長や残留していた将校らの証言をもとに作成されたものだから、神成大尉の計画とは多少の違いが出てしまうのだった。

だが、顚末書は神成大尉の計画があるのに、たぶんこうだっただろうと作文した計画を併記していた。つまり本物の計画とそうでない計画を一緒にしていたのだ。本書では、大臣報告と顚末書の相違から、真実あるいはその当時の認識などが理解しやすいよう、以後も必要に応じて大臣報告の引用を続ける。

それにしても目的を見ただけで、五聯隊が田代街道を全く理解していないことがわかる。五聯隊の屯営から田代までは二二キロ、三本木（現十和田市）までは五七キロある。田代はその行程の半分に満たない。田代以降の山中を迷わず進めるかわからないし、田代から九キロ先の大中台南側は崖で雪崩の危険もあった。田代に行っただけでは三本木進出の可否は判断できるはずもないのだ。

ところで、行軍目的について後藤伍長がこんなことをいっている。

「大行李運搬試験は目的なりし為め六十名の兵にて糧食其の他薪炭等を積める橇を引きしが……」（一月二十九日、東奥日報）

大行李は軍隊宿営間の必需品をいい、将校行李、炊さん具及び糧秣等がそれにあたる。五聯隊は師団から雪中露営の命題を与えられていた。その研究が雪中露営に必要な大行李の運搬に焦点が絞られていたのは明らかだった。

神成大尉の計画は、行軍目的の前に想定が示されている。

「八戸平野に侵入せる敵に対し陸羽街道を東進する西軍混成旅団の右側衛（歩兵第五聯隊第二大隊）は一月二十二日夜青森屯営に宿営す。此側衛の任務は田代街道を三本木に進出し我旅団の作戦を容易ならしむるにあり」（顚末書）

要するに、想定上は田代街道から三本木に進出して、陸羽街道を南下する旅団主力の進出を援護するとなっている。実際の行動（訓練）は青森屯営から田代までの単純な行軍となる。それでは実戦的ではないので、全員を戦場の状況下に入れて実戦意識を持たせるのが想定の役割だった。

計画に示された目的は実際に行なうことを示しているので、計画の細部も実行動を示さなければならない。だが、神成大尉の計画には、実際に行なわない想定上の宿営地や給養法などが書かれていた。反対に行軍に絶対必要な時間計画がない。出発時間、途中の休憩時間・場所、昼食時間・場所、目標到着時間等が一切ないのだ。また、帰りの計画も全くない。たとえ同じ道を帰るにしても何時に露営地を出発するのか、屯営到着予定時刻は、昼食は、などを示していなければならない。普通に考えて時間計画や帰りの計画がない団体旅行などありえないだろう。他にも編成は中隊としていながら、行李編成に大隊編成があるなどおかしな記述もあった。

神成大尉の計画は、未完成かと思うほど必要なことが書かれていなかった。足りない分は腹案として持っていたとしても、不自然で足りなさ過ぎた。

計画に三本木進出と二泊三日の文言があるため、五聯隊は二泊三日で三本木に行く予定だったと解釈されることがある。だが、神成大尉の計画では田代以降について全く考慮されておらず、食糧、薪炭、宿営、わら靴等を考えると三本木進出はあり得なかった。

立見師団長は「一泊行軍は聯隊長限りで出来る」（二月一日、河北新報）と発言していた。五聯隊は明治二十九年の改編以来、一泊の雪中行軍しか実施していない。二泊以上の雪中行軍は師団長の承認が必要となり、五聯隊は承認を受けるために列車で弘前まで行かなければならない。移動だけでも面倒なのに承認がもらえるとは限らないことを考えると、二泊以上の計画を立てようとしないのも当然だった。だから三十一聯隊が数泊の雪中行軍を実施していたにもかかわらず、五聯隊は一泊行軍を続けていたのだ。極端なことをいえば、改編後の五聯隊に数泊行軍の文化はなかったのである。

一泊行軍の決め手は意外な所にあった。それは小笠原孤酒著『八甲田連峰雪中行軍記録写真特集行動準備編』である。なぜ意外なのかといえば、小笠原は五聯隊の行軍を「二泊三日三本木進出」としていたからである。

その写真特集に手紙を写したページがある。手紙は及川良平一等卒が父へ送ったものだった。虫が知らせたということなのか、田代へ出発する前日に書かれたもので、封筒の裏面に一月二十二日と書かれていた。

副文には次のことが書かれている。

「追伸明日午前六時半屯営出発当八甲田山の中腹に当たる田代村と申す処に一泊行軍施行成す候当地は本年は〇非常の降雪にて明日行く山野は積雪一丈二三尺位にして余程困難に候食物は道明寺を糒にして一回一合に候毎日降雪の為太陽を見ること無いで

候……」

及川一等卒は手紙に一泊行軍とはっきり書いていた。つまり二大隊の隊員には一泊行軍と明示されていたのである。文中の「余程困難」という言葉から、及川一等卒は田代への行軍を楽観していなかったことがわかる。

小原元伍長は小笠原の取材のなかで、翌日帰ると話している。

「……大いに勇気を起して必らず田代の温泉に泊まると、翌日は帰るというのでありましたが、それで勇気を起して出発しましたが……」

小笠原がこれら二つの裏付けがありながら、どうして二泊三日、三本木進出としたのかよくわからない。

それ以外にも、伊藤元中尉は一泊行軍とはっきり証言している。また、事故発生当初の一月二十九日に聯隊副官、和田以時大尉は新聞記者らを前にして、

〈今回の行軍の目的は青森筒井村（聯隊所在地）を去る約七里田代に至るにありて……〉（福良竹亭『遭難実記雪中の行軍』）

と話している。この行軍が一泊であったのは間違いない。

ところで、このとき行なわれた和田副官の説明に、遭難事故の真実や聯隊長の隠蔽工作を覆すカギが含まれていたのを後で知る。

中途半端な予行行軍

行軍目的に続いて予行行軍の実施成果が書かれている。予行行軍は一月十八日に実施したとなっていたが、この予行行軍がとにかくおかしかった。

予行行軍二日前の十六日（木曜日）は軍旗祝典が行なわれている。歩兵第五聯隊の軍旗が親授されたのは明治十二年一月十六日のことで、毎年この時期に記念している。

当時の兵事雑誌『軍隊生活』に軍旗祝典についての記述がある。少し長いが、当時の様子を垣間見ることができる。

〈営内に於ては一年中蓋《けだし》軍旗祭の日より愉快なるはあらじ。軍旗は軍の神として敬拝するものされば軍旗拝受の記念日は恰《あたか》も市井鎮守祭りの如き趣ある亦宜《またむべ》ならずや。此の日には中隊には中隊毎、給養班には班毎に兵卒日用の物品を以て、種々の飾付をなす。或は歴史話或は判じ物など思い思いに之を観るものをしてその装置の妙に驚かしむべきように飾り立つ其が為に一週間も前より準備に取掛りさて其の日になれば知己朋友親戚を招き集めて此の名誉ある祭日を祝う。式の厳粛なる余興のおもしろき見物の雑踏は更にいわず、ことに愉快なるは来賓の辞し去りし後舎内に於て兵卒同士の催す宴会余興なり。先ず舎内は朝は取片寄けたれば別に手を労するに及ばず。広き所に机を並べ酒肴を具えて先ず君が代の唱歌に口を切り続いて出づるは軍歌、都都逸《どどいつ》、端歌《はうた》。興いよいよ至れば座を踊り立ちて剣舞するもの踊るもの上下となく新古となく平素隔ての中垣を打ち破り混同して騒ぎに騒ぐ。果ては洗面用の銅盥《かなだらい》を叩き足拍子取りて練りあるく愉快の尽さるべきだけを尽すなり此の日これ最大の祝日たらざるを得じ〉

聯隊にとって軍旗祝典は一年に一回のお祭りなのだ。五聯隊は新年早々から軍旗祝典のため、会場設置、飾り付け、式典及び余興などの準備に忙しかった。特に師団長と旅団長が参列するので厳粛な儀式はもちろんのこと、余興及び来賓接遇においても失敗は許されない。失敗などあったら五聯隊や津川の評価が下がるのだ。五聯隊長は弘前にある三十一聯隊長に比べて師団長、旅団長に接する機会が少ない。そのため軍旗祝典は両将軍のご機嫌を取り、自分らの点数を上げる絶好の機会なのだ。特に津川は大佐の昇任時期に入っている。同期では陸大組を除き何名か大佐に昇任しているので、その思いは強くあっただろう。とにかく上も下も準備や予行に忙しく訓練どころでなかったのである。

当日は聯隊の祝日となり、兵士の家族も自由に面会することができた。また、屯営は一般住民にも開放され賑わった。来賓として立見師団長、友安旅団長、県、警察、裁判所からの役人、新聞社の幹部等が招かれている。来賓の中に岩手県書記官、盛岡市長、盛岡市会議員、岩手日報社主幹らがいた。五聯隊の下士卒は岩手県出身者が多数を占めており、その関係でわざわざ岩手から来ていたのである。つまり五聯隊は岩手県の部隊と認知されていたのだった。

これら来賓者らにしてみれば、この部隊が岩手県に設置されていたらわざわざ青森くんだりまで来ることもなかったという思いがあっただろう。徴兵された隊員の家族らにしても青森は遠かったに違いない。

次第は式典、余興として綱引き、銃剣術試合、新兵による雪合戦、最後に宴会となる。宴会は雨覆体操場（体育館）で行なわれた。中央の台には豚三頭の丸煮が置いてあり、蕎麦屋の区画も設けられていた。宴会の様子を新聞では次のように報じている。

「一同着席するや津川聯隊長開宴の挨拶ありそれより献酬に時を移し快談痛飲思い思いに散会せり」（一月十七日、東奥日報）

軍旗祝典が無事終わり、当日に撤収を始めていただろうが、翌十七日も撤収に時間がとられたはずである。こんな慌ただしい時期に予行行軍を設定することが異状だった。その上十八日は土曜日で、通常であれば午後から課業がなく、物品や清掃等の週末点検が行なわれる。昼食も一週間で一番のごちそうだった。中隊長ならば管理面・

給養面を考慮し、努めて土曜日の終日訓練は避けるはずである。

それにしても予行行軍という言葉がしっくりこない。軍隊では式典や検閲等の特別な行事を実施する前に、それに準じて行なう練習を予行としている。二十三日の部隊編成は各中隊から集成した一時的なもので検閲対象とならない。検閲でもないのに予行などするはずもない。詳細は後で示すが、結論は予行行軍でなかったのである。

大臣報告にこう書いている。

「行軍実施の難易を験する為め本月十八日大尉神成文吉の指揮下に一中隊を編成し踏雪隊二十名を先頭とし量目約三十貫匁《かんもんめ》の物を積みたる橇一台を後尾に曳かしめ田代街道上燧山《ひうちやま》に向て終日行軍を実施したり」

約一一二キロの橇を一台曳いての行軍だった。燧山は火打山が正しい。

小原元伍長が予行行軍に関してこう証言している。

「あれは一年……一カ月前ですね、予備行軍をしたんですよ。その予備行軍をした結果がですね、割合に順調であったんです。その為に本行軍は一月二十三日でやったんですね……前日の予備行軍は割合うまく行き過ぎたんですよ。目的地までは行かなかったんですけれども、目的地の少し前まで行って、これはもう大丈夫だというので予備行軍は帰ってきたわけなんですよ」

事前に訓練が行なわれたのは確かだったが、実施時期がはっきりしない。本行軍の一カ月前となると十二月二十三日である。五聯隊が過去十二月に雪中行軍をしたという記録はない。一般に、青森市の十二月は積雪が少なく雪中行軍の実施時期としては不適だった。

実際に明治三十四年十二月二十一日の積雪は一七センチである。日当りのいい所や人通りの多い所は地面が出ていて、橇など引けなかっただろう。それから雪が増減しているが、三十日までに積雪が五〇センチになることはなかった。暮れも押し詰まるなかで、降雪を期待して行軍を計画するはずもない。

五聯隊が予行行軍を実施したといっていた日の翌日となる一月十九日の「東奥日報」が欠号となっている。一月の欠号状態を見れば、それが偶然でないことは明らかだった。十九日、二十八日、三十日、三十一日がなかった。二月は七日まで欠号となっている。二十八日以降は事故が判明した直後であり、フィルターのかかっていない情報が流れていたに違いない。十九日の新聞には、もしかすると十八日の予行行軍に関する記事があったのではないか。

ところで、小原証言では予行行軍といわず予備行軍といっている。和田副官も予備行軍といっていた。このことから五聯隊が報告で予行行軍としていたのは嘘だったのがわかる。

予行行軍と予備行軍の違いは何か。

今回であれば、予行行軍は本番とほとんど同じ編成・装備で田代まで行軍し露営することであり、予備行軍は編成・装備、距離等に関係なく、例えば本番のために、一個小隊四十名が一〇キロ行軍するようなことである。十八日の予行行軍は目標が田代までの中間付近、橇が一台で露営もしていない。予行行軍でないのは明白で、報告を見た軍関係者もすぐにわかっただろう。それでも五聯隊は予備行軍よりも、しっかり準備した印象のある予行行軍という表現を使ったのだ。

予行行軍（混乱を避けるため以後も予行行軍と表現）の成果は、大臣報告によると次のとおり。

「此行軍は午前八時三十分屯営出発全十一時三十分熢山近傍に達し午後二時帰営す。屯営熢山間の距離約二里半にして往路には四時間帰路には二時間を費し、少しく人跡ある部分は一里に一時間半全く人跡なき部分は二時間を要したり。而して橇を運搬具に使用するは甚しく困難にあらざることを認めたり。此日天気清朗にして積雪三尺乃《ない》至《し》四尺、表面稍《やや》堅硬にして良好の景況なりし」

屯営から火打山までの距離は約二里半としていたが、実際は三里強である。屯営から二里半の地点は小峠だった。顚末書からは小峠に修正されている。つまり五聯隊は小峠の存在を知らず、その辺りで高い山は火打山だとぐらいにしか認識していなかったようだ。事故後、何度も現地を捜索したことで、田代街道沿いの地名を地元民から教わったのだろう。やはり五聯隊にこの田代街道上の地形・地名を知る隊員はほとんどいなかったのである。

和田副官は予行行軍についてこう話した。

「予備行軍として先ず積雪の模様行路の難易を実験せんため十八日神成大尉一中隊を編成し其の前頭には二十名のガンジキ隊（ガンジキとは積雪を渉るため作りたる靴具の一種なり）を附して田茂木野附近まで進行せしに雪の深さ三尺乃至四尺位にして……」（二月三日、報知新聞）

大臣報告や顚末書にも書かれていない仰天発言だった。和田副官は田茂木野付近まで行ったたと証言したのだ。田茂木野は屯営から約一里半で、二里半の小峠より約四キロ短い。夏場であれば一時間ほど違う距離である。二月九日の新聞『日本』の記事にもそのことが書かれている。

「今回の行軍隊は去十八日予行行軍を為したるは既報の如し、されど予行行軍を為したるは営所より一里半なる田茂木野までにして雪中最も危険なるべき田茂木野より田代に行軍したるにあらざるなり、最も容易なる田茂木野に予行行軍を為し其結果を以て最も危険なるべき田茂木野田代間の至易《しい》なるを断言す無謀にあらずや」

予行行軍の裏でも取ったのか、行軍は田茂木野までしか行っていないと五聯隊を批判している。それは一月十八日の行軍を証明することにもなった。

大臣報告は火打山、顛末書は小峠、五聯隊副官と新聞『日本』は田茂木野と、予行の折返し地点がばらばらになっている。大臣報告も顛末書もまだ二ページより進んでいない。パンドラの箱を開けてしまったのか、次々と虚偽と疑惑が飛び出してくるのだった。どれが本当なのか検証して、はっきりさせる以外にない。

大臣報告で、屯営から到達場所まで往路に要した時間は三時間、復路に要した時間は二時間である。報告では「往路には四時間」と記載されているが、その前に「午前八時三十分屯営発同十一時三十分燧山近傍に達し」とあるので三時間とする。

陸軍において通常、徒歩の行進速度は時速四キロである。だが積雪は足場が悪い分行進速度が落ちる。また、わら靴、カンジキ、ラッセル（進路啓開）も速度を落とす。さらには約一一二キロの橇も速度を落とした。屯営から約三キロ先の幸畑からは、圧雪のほとんどない深雪で登りとなる。特に小峠の登りは急で行進速度は一気に落ちる。これらを加味して行進速度をはじき出すと、往路の田茂木野までは時速二・五キロ、田茂木野からは時速二キロ、復路は時速三キロとなる。

その見積もりから算出された往路の所要時間は、田茂木野が二時間四十分、小峠が四時間四十分、火打山が五時間三十五分となった。復路は田茂木野から二時間十分、小峠が三時間三十分、火打山が四時間五分となった。田茂木野以外は時間が大幅に超過するので明らかに違う。やはり、和田副官は事実を伝えていた。大臣報告と顛末書は片道約七キロしか行軍していないのに、約一一キロ行軍したようにして折返し地点をねつ造していたのだ。

終日の訓練で田代まで行って帰ることなど無理なので、神成大尉は途中の小峠あるいは火打山まで行こうとしたのだろう。吹雪くこともなく田茂木野まで順調に進んだので、神成大尉はもう充分として前進を途中でやめて帰隊したのだった。

そうしてみると、「目的地の少し前まで行って、これはもう大丈夫だというので予備行軍は帰ってきた」とした小原証言も間違っていなかった。

顛末書は予行行軍の出発時間を「午前七時三十分」として一時間早め、帰営を「午後二時過」と「過」を加えている。捜索を続けているうちに、屯営から小峠まで三時間以上要することが明白になり、往路四時間となるようにしたのだ。この幼稚な改ざんが小峠まで行かなかったことを証明する。あくまでも改ざんではなく修正だと強弁しても、帰路に要した時間が二時間のままでは全く意味がなかった。小峠からの一〇・六キロを二時間ちょっとで帰って来るのは無理である。二時間全力で走っていたら可能かもしれないが、そんなことはできるはずもなかった。

津川は、事故前にしっかり訓練したと陸軍上層部に訴えたかったのだろう。田茂木野までの偵察を兼ねた予備訓練を予行行軍とし、距離が短すぎるので小峠まで行ったようにしたのだ。これらの作文は五聯隊の将校らによるもので、それを命じたのは津川なのである。津川にしたら聯隊長としての指導力を問われる心配があったのだ。

三十一聯隊に対抗した津川連隊長

大臣報告に行軍決定までの思考過程とでもいうべき「大隊長判断」が書かれている。しかし、山口少佐が不明なのに、その判断が記述されていることに違和感は残る。

「青森三本木間は里程約十三里にして積雪季以外の時季に於ては小部隊を以て一日に行軍せし前例多し。今之を雪中に通過せんには少くも青森田代間（五里強）、田代鱒沢間（四里強）及び鱒沢三本木間（三里）の三日行程に区分せざるべからず。故に今青森田代間の行軍を全うすることを得ば他は容易に進出することを得べし」

青森に前年着任し、田代街道を知らない山口大隊長が何を判断できたのか。田代まで行けば後は容易だというのは全く根拠のないデタラメで、聯隊の将校らによる作文でしかない。なお、「鱒沢」は「増沢」が正しい。

大隊長判断は続く。

「而るに予行行軍の経験に因れば、青森田代間五里強の行軍を一日に要求するは出来得べからざることにはあらず。且つ帰路は往路に比して行進頗る容易なるべきを察するに足る。若し又途中天候等に妨げられ該地に達する能わざるときは露営を営むの心算を以て二十三日より行軍を実施するに決せり」

田茂木野以降の急な登りを全く経験していないのに、往路の行軍はできないことではない、と作文しているのだから呆れてしまう。

天候等で田代に到着できない場合は露営をする心づもりというのは当たり前のことで、状況判断の一つに過ぎない。注目すべきは、予行行軍の結果から本行軍を実施すると決めていることである。いくら大隊長が二十三日に一泊の雪中行軍をやろうと思っても、聯隊長の承認がなければできるはずもない。

そもそも、予行と本番はセットで行事に組み入れられるものである。軍務が円滑に行なわれるためには、翌月の行事・訓練、週番・衛兵の勤務等を遅くとも前月の下旬までに調整して決めていなければならない。予行を実施して問題がないからすぐ本番、というほど部隊は軽くない。これらは二大隊の雪中行軍に全く計画性がなかった証左でもある。つまりは年が明けてから急に計画されたということになる。

五聯隊は年末から軍旗祝典までの半月あまり、新年を迎えるための舎内清掃、武器・被服の検査等、軍旗祝典の準備でちゃんとした訓練をしていないはずである。普通であれば練成をして、なまった体を戻してから本番に臨むべきことなのだ。それが準備の余裕もなく急きたてられるようにして予行行軍、本行軍と実施したのはどうしてなのか。

大臣報告では一月二十一日に大隊の行軍に関する命令が下達され、二十二日の午後に大隊長の注意が各中隊長に付与されたとしている。その後に「右大隊長の判断計画並びに諸注意は聯隊長に於いて適当なるものと認め凡て之を認可せり」と書かれていた。つまり大隊命令の下達後に聯隊長が計画を認可したとしているのだ。

「聯隊長は二十二日田代に向って一泊行軍を為す事を命令しました」（二月一日、時事新報）

と、和田副官も話している。ここに、重大な真実が隠されていた。

聯隊長が承認していない行軍に関する命令を、大隊が下達できるはずもない。第一、食糧や燃料を請求する根拠がないではないか。食糧や燃料が請求できなければ行軍準備などできるはずもない。しかも大隊長の注意が終わっているということは、明朝の集合、出発を待つだけの状況なのだ。それから聯隊長の決裁をもらうことなどあり得ない。

もしそのようなことがあるとすれば、それは聯隊長の発案で事前に「二十三日に田代へ一泊行軍せよ」と二大隊長に命じていた場合である。それならば聯隊長命だとして二大隊は準備できる。要するにこの雪中行軍は二大隊の発案でなく、津川の一方的な命令によるものだったのである。二十三日の行軍実施は決まっているのだから、たとえ計画や準備が不十分だったとしても行軍は決行されたのである。

その証拠に、顚末書は聯隊長承認後に大隊の命令下達、大隊長注意が行なわれたように改ざんされている。大臣報告と顚末書を見比べると、その不正がよくわかる。

新聞の『日本』も嗅ぎ付けていたようだ。

「或は云う今回の行軍は聯隊長の命に出で大隊長実行の任に当たりしなりと」（二月九日）

津川が田代への行軍を命じた原因は、ライバル三十一聯隊にあった。軍旗祝典の記事が載ったその日の新聞に、三十一聯隊の雪中行軍に関する記事もあったのだ。

「歩兵第三十一聯隊より選抜したる一隊は、来る二十日より十日間の見込みを以て雪中行軍をなす筈にて、碇ヶ関方面より十和田湖に至り上北郡三本木に出て当地を経て北津軽郡に出て帰隊の筈」（一月十七日、東奥日報）

三本木から当地青森へ抜ける経路は田代街道である。五聯隊も三十一聯隊も未だにやったことがない冬季の田代越えを、三十一聯隊は実施するというのだ。記事からその時期を逆算すると、遅くとも二十七日には田代を越えて青森市に到着するのがわかる。実は福島大尉が田代街道を行軍すると確定したのは一月十六日頃だった。それまで福島大尉は、田代街道のずっと西側となる谷地温泉から田代に抜ける経路を考えていたのだ。

津川はこの新聞記事に愕然としたはずである。五聯隊の裏山というべき八甲田で、三十一聯隊は五聯隊よりも先に田代越えをやろうとしているのだから当然だった。そうなれば津川の面目はまるつぶれである。何としても三十一聯隊より先に五聯隊が田代越えをしなければならないと津川は躍起になったはずだ。県内に二個の歩兵聯隊があったので、その対抗意識は相当強かった。はっきり言えばお互いが平時の敵だったのだ。

津川がその情報を聞かされたのは、前日の軍旗祝典だった可能性もある。その日の様子が新聞に載っている。

「立見将軍を包んで大勢は快談を試みて居た、吾れは『何日御出ででした、汽車は後れませぬか』との問は動機となって、将軍は近時官鉄の不都合を責めつつ『君らは一体いかぬ、常に人を攻撃し甚しきは下らぬことまで喰てかかりながら、此の鉄道の失態を責めぬのは不都合だ』と云って、盛んに鉄道攻撃をやった」（一月十八日、東奥日報）

宴会で新聞記者が師団長に、雪による汽車の遅れを話題として話しかけている。この宴会で、新聞記者が従軍する三十一聯隊の雪中行軍が話題にならないはずはない。祝典には三十一聯隊から聯隊付の藤田少佐が参加している。藤田少佐は三十一聯隊長の代理として津川にお祝いを述べているだろうし、酒席では友安旅団長を交え津川と藤田少佐が話し合うこともあっただろう。

この宴会で津川は、三十一聯隊の田代越えを知り自らのメンツのため、師団長及び旅団長に対して五聯隊も来週田代に一泊行軍をする旨の発言をしたとしてもおかしくない。くしくも軍旗祝典の一週間後は二十三日で、二大隊が田代に向かった日と重なっている。

さらには津川が三十一聯隊の田代越えを知ったのは、十二月十六日に開かれた第八師団団隊長会議だったのかもしれないと考えられたが、三十一聯隊がライバル五聯隊に行軍計画を早期に明かすはずもなく、また五聯隊の行軍準備も軍旗祝典後に始まっているることからしても、このときではないようだ。

いずれにしても、二大隊の準備が不十分なのは明らかだった。それは津川の命令が二大隊に準備の余裕を与えない急な命令だったからである。津川が山口大隊長に対して、二十三日の田代一泊行軍を命じたのは一月十六日か十七日であろう。十八日に予行行軍が実施され、二十一日に本行軍の準備が始まって、二十三日朝に田代へ向かったのである。

ところで、津川は田代越えではなく田代一泊としたのはどういうわけだったのか。田代越えをして三本木に至り青森に帰営するには少なくとも三日はかかるので、師団長決裁が必要になる。これから計画を作ってとなると、田代越えは三十一聯隊の後になってしまう可能性が高い。それにとにかく三十一聯隊よりも早く青森に帰る必要があったことから、田代一泊行軍という選択肢しかなかったのだろう。

山口大隊長から「二十三日田代一泊行軍」を伝えられた神成大尉は、早急に現地偵察をしなければと判断し、本来は行軍など設定するはずもない軍旗祝典の翌々日の土曜日に練成を兼ねた事前偵察を実施したのである。

二大隊がようやく行軍の準備を進めていた二十一日の新聞に、三十一聯隊の日程が載っている。

「歩兵三十一聯隊は昨日を以て雪中行軍に出発せるが同隊教育委員福島大尉より左の日割りを以て宿泊する筈にて各町村に紙面を以てそれぞれ依頼せり

二十日小国△二十一日井戸沢△二十二日十和田△二十三日宇樽部△二十四日戸来△二十五日三本木△二十六日田代△二十七日青森△二十八日原子△二十九日弘前帰営」

これを見た津川は、三十一聯隊に先を越されることはないとほくそ笑んだことだろう。

ところで、記事に「各町村に紙面を以てそれぞれ依頼せり」とある。それに関して『われ、八甲田より生還す』にこう書かれている。

〈隊長は、この〝通過地〟に、福島式とでもいうような独自の連絡方法をとっている。……市町村を通じるほかにも、各村落にある駐在所などの警察組織を使うこともできた。……依頼する内容も、「休憩地・宿泊地・嚮導人のあっせん」だったり、「食料の補給」だったりと、きわめて具体的なものだった〉

聞こえはいいが、別な見方をすれば饗応ではないか。そしてその饗応が実際に行なわれていたのだった。

統裁官だった山口少佐

大隊長判断は続く。

「之が為め普通携行品の外、特に薪炭及非常用として一日分の携帯口糧を携帯せしめたり。又は荷物は先ず橇を以て運搬し止むを得ざるに至りては橇を途中に残し人背を以て運ぶの計画なり」（大臣報告）

行軍のため特に薪炭と非常用の携帯口糧を一日分携行させたとあるが、冬山で露営と炊さんをするのだから、燃料となる薪炭を持っていくのは当たり前である。また、行軍途中でどうにもならなくて橇を遺棄していたが、それは事前に計画されていたとしている。いつの間にか大隊長判断が遭難事故の弁明になっていた。

顚末書ではこの弁明が消え、大隊長判断とは異なる文章が挿入されている。

「聯隊長は大隊長の採りたる目的と判断とを承認し、山口少佐は教育委員主座なるを以て特に第三年度長期伍長を行軍に随従せしめたり。

大隊長は神成大尉を主任中隊長に任命し、細部の計画を立て専ら実施研究の任に当らしめたり」

これが問題の聯隊長承認である。大臣報告では、計画の最後にあったこの承認が、大隊命令下達前に移動していたのだ。
演習中隊の編成は、二大隊各中隊から集成された混成中隊である。演習中隊長は神成大尉。
中隊本部、炊事掛軍曹一、三等看護長一
第一小隊、小隊長伊藤格明中尉（五中隊）以下四十二名（五中隊下士卒四十一名）
第二小隊、小隊長鈴木守登少尉（六中隊）以下三十九名（六中隊下士卒三十八名）
第三小隊、小隊長大橋義信中尉（七中隊）以下三十九名（七中隊下士卒三十八名）
第四小隊、小隊長水野忠宣中尉（八中隊）以下四十二名（八中隊下士卒四十一名）
特別小隊、小隊長中野辨二郎中尉（八中隊）以下三十五名（第三年度長期下士候補生三十四名）
演習中隊は将校六名、下士卒一九四名の総員二百名となる。
それに編成外十名が加わる。その内訳は二大隊長の山口少佐、興津大尉（六中隊長）、倉石大尉（八中隊長）、永井源吾三等軍医（三大隊）、佐藤勝輝特務曹長（五中隊）、小山田新特務曹長（六中隊）、長谷川特務曹長（七中隊）、今井米雄特務曹長（八中隊）、田中見習士官（七中隊）、今泉見習士官（八中隊）となる。
この演習の総勢は将校十二名、准士官四名、下士卒一九四名の二一〇名となる。

編制上、歩兵中隊の総員は一五七名で、中隊本部と四十九名の小隊三個から成る。今回の演習編成は少し変則になっている。神成大尉の計画にこうある。

「中隊を四小隊に編成せしは固有中隊の建制を保持せしが為及び踏雪部隊交代の便宜上より出でたるなり」（顚末書）

神成大尉は二大隊の各中隊（四個中隊）から約一個小隊分の将兵を差し出させ、その建制を保持させて四個歩兵小隊としたのだ。さらに長期下士候補生からなる特別小隊を加えて演習中隊としたのである。特別小隊は教育隊なので歩兵小隊としての任務はない。

また本演習中隊の総員が二百名になっているのは戦時編成としていたからだ。歩兵中隊の平時編制は一五七名となっているが、戦時編制は増員されて二一〇名ほどになる。はっきりした数字がわからないのは、戦時編制は秘密とされていたからだろう。ただ歩兵中隊の演習に関する新聞記事に、戦時編成として二一〇名前後の数字が何度か出ていたので間違いはないだろう。

山口少佐以下十名は、編成外となって演習中隊と行動をともにする。興津大尉以下は山口少佐の指揮を受けて随行者となる。大隊長がいるのでこの編成を大隊本部と思うかもしれないが、計画はあくまでも中隊レベルの訓練であって大隊レベルの訓練ではないので、大隊本部の機能は必要ない。またその編成もとっていない。詳細は後になるが、山口少佐はこの演習において大隊長としてではなく、教育委員主座として参加したのである。

顛末書になると、山口少佐以下十名の編成外は消されてなくなっている。津川聯隊長にしてみれば、編成外という言葉に山口少佐の責任が無くなるとでも思ったのかもしれない。

大隊ならば大隊編成で訓練をすればいいと考えがちだが、それはできなかった。大隊編制は六四三名だが、この時期に訓練参加できる可能人員はその半分以下の二八〇名ほどだった。その理由の一つに、編成が一〇〇パーセント充足されていないこと。二つに聯隊から台湾守備隊に二〇〇名余り差し出していること。三つに諸勤務、患者等があること。四つにこの時期の大隊は約三分の一が入隊したばかりの新兵だったことがある。

歩兵中隊の充足がわかる資料がある。当時、青森県の平内町で教員をしていた新岡勝太郎は日記を書いていた。その明治三十六年一月二日には、三十一聯隊を一カ月前に除隊した、おそらく五聯隊の捜索に加わっていただろう者の話が記録されている。

その中に、

「三十一聯隊　一個小隊四十三人……一三〇にて一個中隊……」（鬼柳惠照編『新岡日記』）

とある。中隊の定員は編制上一五七名だったので、これからすると充足率は約八〇パーセントだったことがわかる。中隊で考察した場合、編制二〇パーセント減の一三〇人から先ほどの理由にあった人員を除くと、多く見積もっても七十名ほどしか残らない。だから大隊でありながら、戦時編成の一個中隊二〇〇名あまりを編成するのがやっとだったのである。

二大隊の中隊長でこの演習に参加していないのは、七中隊長の原田清治大尉である。一月三十日の時事新報にこうある。

「本月二十六日の被服委員会に出席せしため遭難を免かれたるならんと云う」

聯隊被服委員は、師団長が任免する。委員会は師団隷下各部隊の委員が師団司令部に集合して実施された。原田大尉は報告資料などの作成、前日移動を考慮され不参加となったのである。

特異なことに三大隊から永井源吾三等軍医が参加しているが、一月三十一日の時事新報にその経緯が載っている。

「山口少佐の一行は中隊編成なれば別に軍医を随行せしむるの必要なしとて最初は之

を加えざりしが、永井軍医は経験のため一行に加わりたしとて雪中行軍を志願せしものなりと云う」

ある新聞では二大隊の軍医が一名しかいないので永井軍医が加わったと報じていたが、そんなことはまず考えられない。編成は先ず自隊でなんとかするのが基本である。軍医がいるのに、二大隊長がわざわざ三大隊長に頭を下げて支援を受けるはずもない。

編成における問題は、やはり山口少佐の参加である。演習中隊長の神成大尉にとって、直属の上司が同行するのは、検閲を受けているのと同じでとてもやりづらい。隊員にとっても演習上の中隊長のほかに、編制上の大隊長と中隊長が同行するのだから複雑である。また、演習中隊は大隊の各中隊による混成となっているので、いまひとつ団結に欠ける。この特異な編成が指揮系統の混乱を招くことになった。

そもそも集成された中隊の訓練に、なぜ山口少佐が参加することになったのか。

山口少佐がこの演習に参加した大きな理由は、教育委員主座として見習士官と下士候補生を教育するためだったのだ。それに下士上等兵教育委員の興津大尉もいた。この演習の特色として大隊所属隊員の練成のほかに見習士官と下士候補生の教育という目的があったのである。

三十一聯隊は教育編成のみで訓練をしていたが、五聯隊は一般部隊の訓練編成に教育隊を入れて訓練をしたのだった。

「行軍に関する命令」のなかに「小隊長は列外者を以て交代することあるべし」とある。列外者で小隊長職を取れるのは見習士官と特務曹長であるが、伊藤証言に「見習士官のために演習をした」とあったので、その対象は二名の見習士官となる。山口少佐はこの演習において見習士官に小隊長を体験させようとしていた。そのためにはある時期に演習中隊の状況をいったん止めて、小隊長を見習士官と交代させなければならない。

演習中隊の指揮官は神成大尉だが、状況を止めて小隊長の交代を命じたりするのは見習士官を指揮している山口少佐である。実質的には山口少佐が演習中隊を統裁することになる。つまり山口少佐は、この演習において統裁官となっていたのである。山口少佐が統裁官であるならば、この演習の責任者は山口少佐にほかならない。興津大尉以下九名は、山口少佐を補佐する統裁部員と被教育者となる。

特別小隊だった小原元伍長は、山口少佐に随行した中隊長らについて、「部隊について歩きましたけれども別に任務はなかった」と話し、山口少佐については次のとおり話した。

「研修官、統監、何て言うんでしょう……演習中隊長は神成大尉、大隊長は、あれは何ていうんですかなあ、上級将校、監督業務ではないんですが……だけども大隊長は人事不省になるまでは、いつでも『第何中隊前へ、第何中隊前へ』って命令を与えたもんだから、指揮官の代わりだと考えられますね。だけども表面上は神成大尉です」

伊藤元中尉は、山口少佐を厳しく批判した。

〈計画者は神成大尉で指揮官である。山口少佐はこの行軍に随った位のもので、位は上級であったが指揮権はなかったのである〉（青森市史別冊雪中行軍六〇周年史）

統裁官は役職交代時や悪天候時などに状況を一時中止して演習部隊を統制したりするが、それはのべつまくなしに命令や指示をするものではなく、統裁上必要最小限でなければならない。演習部隊の指揮官はあくまでも神成大尉なのである。

しかし、山口少佐は本演習における自分の立場をわきまえていなかった。山口少佐は演習部隊が大隊内の各中隊から集成されていることから、大隊長として行動したのだった。だから、演習中隊の各小隊を呼称する際に、差し出した中隊名を呼称していたのである。

計画完成は出発二日前

行軍に関する命令が下達されたのは一月二十一日となっている。大臣報告では「行軍に関する命令」と書かれたその下に、一回り小さい大きさの文字で「一月二十一日」とあり、顚末書では「大隊長は二十一日行軍に関し左の命令を与えたり」とある。『陸奥の吹雪』に村松伍長の証言が書かれている。

〈大部分の下士以下は行軍前々日頃から参加を命ぜられ各人の準備も不十分で藁靴等は前日の隊装検査終了後初めて交付された〉

隊装検査後にわら靴が交付されているのだから、準備が泥縄の状況となっていた。小原元伍長もこんな話をしている。

「自分で餅菓子なんか買っているはずの話もあったけんども、兵隊はまあそんな準備する時間もなかった」

生存の二名、それも伍長が準備不十分と証言しているのだから、行軍が計画的に実施されたものでないのは明白である。本来ならばもっと前に計画や命令なりが示されていなければならなかったのだ。計画ができていたのなら、当然二十日（月曜日）以前に示していることなのである。同じように、聯隊長の承認も出発前日の二十二日以前に最優先で受けるべきことだった。それができなかった理由は、二十日の時点で計画ができていなかったか、大隊長が計画を決裁していなかったかだ。

予行と本番は同じ計画で実施するのが普通である。十八日の行軍が予行だとするならば、二十一日に下達した命令は、十七日以前に下達されていなければならない。そのような点からしても十八日の行軍は予行行軍でなかったのがわかる。また、二十日の時点で計画ができていないとしたら、神成大尉が二大隊の各中隊に予行参加を命じるなどできるはずもない。おそらく十八日の訓練は、神成大尉の五中隊のみで実施されたのであろう。小原元伍長が予行に参加していたのであれば、その編成は長期下士候補生の教育だった可能性もあった。

命令はこう始まる。

「明後二十三日より大隊古兵を以て田代に向い一泊行軍を行う依て左の通り心得べし」

古兵とは新兵以外を指している。新兵は十二月一日に入隊したばかりで体力はないし、部隊行動もとれない。演習参加などできる状態ではなかった。ただ、その古兵である兵卒のだいたい半数は、前年の新兵なのだから雪中行軍の練度は低い。

続いて訓練の参加範囲が示されていた。ただ、報告の書き方の問題なのだが、すでに氏名入りの編成が示された後で参加範囲を示していることに違和感はある。

ちなみに、行軍計画と行軍命令の違いは何か。わかりやすくいえば、紙に書いたものが計画、それを下達すれば命令となる。

神成大尉の計画にあって、大臣報告に抜けている内容としては「行進序列」、「宿営地の里程及び給養予定」、「研究事項の分担」の三つがあった。

「行軍序列」は、カンジキ部隊、残余の小隊、特別小隊、行李の順。カンジキ部隊は三十分ないし一時間を以て循環交代する。カンジキ部隊の任務は進路啓開なので、本隊内の行進に比べ体力を使う。長時間実施させると体力の消耗が激しく回復に時間がかかるので、短時間で交代するのだ。

ちなみに山口少佐以下の編成外は、特別小隊と行李の間に入って前進をしただろう。

「宿営地の里程及び給養予定」は、想定に合わせた記述となっている。第一日目が田代、約五里半、村落露営、携行糧秣給養。第二日目が増沢付近、約四里半、村落露営、携行糧秣給養。第三日目が三本木、約三里となっていて給養予定は記載されていない。そして備考で「第二日以下は実施せず」としていた。実際の行動計画に想定上の行動計画が入っていると、計画を見た者が錯誤し事故を引き起こす原因となる。計画や命令は簡単明瞭としなければならない。

師団の命題は雪中露営であったが、神成大尉は村落露営としていた。それは二大隊が命題を担任していなかったわけでなく、神成大尉が無視したわけでもない。命題に対する焦点を雪中露営に必要な大行李の運搬としていたのである。

露営地となる田代新湯は浴場が一つで茅の屋根、囲いは十分にされていない粗末なものだった。他に小山内文次郎夫妻が住む母屋と夏期浴客に供する棟が一つあったが、冬は雪で客棟が埋没していた。

伊藤証言に「田代へ……設営隊を出し宿舎の手配をなさしめたが……」とあるが、田代新湯に二〇〇名余りの将兵が舎営できるはずもない。

後藤惣助元二等卒が、

〈最初田代温泉に露営地を作る予定であった〉(青森市史別冊雪中行軍遭難六〇周年誌)

と話していることから、雪中に露営をすることは決まっていたのである。

おそらく神成大尉は、山口少佐以下の編成外を舎営、演習中隊は露営と考えていたのであろう。ただ、舎営といっても事前に田代新湯の小山内氏と調整ができているはずもなかった。また、他の将兵がする露営は雪壕に立ったまま休むだけだったのである。

神成大尉の計画の最後には、研究事項の分担が示されていた。

「一、歩兵一大隊三本木まで進出するものとして行李運搬の研究　鈴木少尉」、「一、同宿営の研究　水野中尉」、「一、同行進法の研究　大橋中尉」、「一、衛兵の研究　田

わかりづらい田代新湯の浴場入口

発見できなかった、雪深い田代新湯

中見習士官」、「一、炊爨の研究　伊藤中尉」、「一、携行すべき需用品の研究　中野中尉」、「一、路上測図　今泉見習士官」、「一、衛生上の研究　兵餉　防寒法　凍傷予防　疲労の景況　患者の処置」

顚末書では研究事項の分担は、出発前日、神成大尉より各人に達したとある。それが本当ならば計画の作成は出発前日までかかっていたとも考えられる。これらの研究項目は大まかで、研究の程度がどれぐらいまで要求されていたのか、よくわからないものもあった。

研究項目を付与された者はその研究のため、精粗の別はあれど着眼とか研究要領とかを考えなければならない。それにしても出発前日だというのに、何というあわただしさなのか。

ところで、行軍計画で一番重要なのは時間計画である。普通ならば目的地到着時刻を決め、それから逆算して主要な地点を通過する時刻、休止時間等を決めて出発時刻が決定される。ところが顚末書にある神成大尉の計画には時間計画が存在しない。時間計画、特に目標到着（予定）時刻がない行進計画などあるはずがない。

伊藤元中尉は「予定の半分も進まず、小峠に至った時は既に午前十一時になったので……」と話していた。それは時間計画なり到着予定時刻なりがあったことを意味している。

神成大尉の計画に時間計画がないとしたら、考えられることは、腹案が練られていてそれを口頭で示したのか、それとも時間計画は記載されていたが、それを明らかにすることによって聯隊の立場が悪くなるので、聯隊によって隠滅されたのかのどちらかである。この遭難事故において時間計画は、事故原因を突き止めるためにも重要となるので検証をしてみる。

大臣報告に記載された予行行軍の成果は改ざん・偽装されていて全くあてにならない。そこで神成大尉の行進計画の基準となる速度を、単純に時速二キロと時速三キロの場合とで考察してみる。

屯営から田代新湯までの二一・七キロ（顚末書では五里強）の所要時間は、時速二キロの場合が十時間五十分、時速三キロの場合が七時間十分となる。それに昼食時間三十分を加算して屯営出発を七時とすると、田代新湯の到着予定時間は、時速二キロの場合が十八時二十分、時速三キロの場合が十四時四十分となる。

今回の訓練は仮設敵がおらず、接敵行進とならない単純な行軍なので、努めて明るいうちに目的地に到着して露営準備ができるように計画するのが普通である。それに陸軍の夕食は十七時なので、遅くとも十五時には露営地に到着していないと十七時頃に給食はできない。さらに将兵は温泉に入って一杯という思いなのだ。そのようなことから、時速二キロでは田代新湯到着が遅すぎ、時速三キロは妥当性があった。

当日の時間計画を知る手がかりは、伊藤元中尉のあの証言しかない。

「予定の半分も進まず、小峠に至った時は既に午前十一時になったので……」

予定の半分も進まずとはどういうことなのか。あれこれ考えたが、もっともらしいのは「(予定の)田代新湯までの半分も進んでいない」ということだった。

口演時における伊藤元中尉の認識は小峠まで二里半、田代まで五里強であり、小峠は行程の半分という認識ではなかったのである。実際には小峠まで一〇・六キロ、田代新湯まで二一・六五キロでだいたい半分といえた。

もし、「予定の半分も進まず」を、予定どおり進んでいたら今の倍ぐらい進んでいたという意味でとらえたらどうなるのだろうか。その場合は田代新湯に到着し、時速は五キロとなってしまうので考えられない。

ただ、顚末書では屯営から最初の休憩場所幸畑までの行進速度が速かった。

「午前六時五十五分二列側面縦隊を以て営門を出発す　同七時四十分頃幸畑村に達し……」

屯営から幸畑村までの距離は三・二キロ、所要時間四十五分なので、時速は四・二キロとなる。ただ、幸畑で十分間の休憩時間を加算すると、時速は三・五キロとなってしまうのだが。

そんなことはないと思うが、もしかすると聯隊の将校らは、積雪の状態であっても、行進速度を夏場と同じ時速四キロとして計算していたのかもしれない。神成大尉が時速四キロで行進計画を立てていた可能性もゼロではないだろう。その場合の田代新湯到着は十三時頃となる。

演習部隊は田茂木野を過ぎると地形や地名がわからないので、それ以降は地形地物による時間統制はできない。したがって、時間計画は田代までの距離を単純に時速で割って算出した所要時間を、出発時刻に加算して田代新湯到着時刻とし、それを口頭で示していただけなのかもしれない。いずれにしても屯営の出発時間から判断すると、神成大尉は時速三キロ以上の行進速度で計画を立てていたものと推察された。

服装・装備の欠点

命令に戻る。

「二十三日午前六時第五中隊舎前に整列すべし、服装并《ならび》に携帯品左の如し」

「一般略装にして防寒外套《がいとう》を着用し藁靴を穿《うが》ち、下士以下飯盒雑嚢《はんごうざつのう》及水筒を携行し、午食及糒《ほしい》三食分餅六個ずつ携行すべし。其他背嚢入込品は随意とす」

一般略装とは平常着用する服装をいい、二種帽、軍衣袴《ぐんいこ》（上衣・ズボン）、靴から成る。防寒外とうは「ねずみ色毛布外とう」といわれ、日清戦争時に毛布で急造されたものらしい。その付属品として頭巾と毛皮の襟巻があった。

神成大尉の計画では、

「一、略装にして一般防寒外套手套《しゅとう》着用藁靴を穿ち上等兵以下略衣袴を着用のこと、
但し輸送員は背嚢を除き普通外套を肩に懸くること
二、下士以下飯盒、水筒、雑嚢、携帯道明寺一日分背嚢に入るること但輸送員は雑
嚢に容るること
三、一般午食携帯のこと（飯骨柳《はんこつりゅう》に容る）
四、小食として丸餅二個携帯のこと（其他の四個宛は行李にて運搬す）」
と示している。顚末書付録「着用被服調査表」の被服の着用状況から、外とうには普通と防寒の二種類あり、ほとんどの将兵はその両方を着用（携行）している。服装について、小原元伍長はこういっている。

「……ウサギの毛や牛や色々ですね。あれを着たまま、あれをつまり首に巻いて、外とうはさらに本当に薄い布なんですよ。それを着ておりましてね、兵隊は小倉服、下

士官以上はラシャ服で、微々たるもんだったんですねえ。靴はわら靴ってありますね、あれを履いていったんです」

録音が途中から始まっていて防寒外とうの説明がよくわからないが、当時の服装の貧弱さを訴えていた。事故後、兵卒に小倉服を着せたことを批判する新聞もあった。小倉服とは略衣袴の別称で、その素材は綿からなる。ラシャ服は絨《じゅう》衣袴のことで、毛の生地でつくられている。防寒上は毛の素材が断然良かったのである。

小原元伍長は続けてこう話した。

「(毛の下着を着ていれば) 良かったんですけども、兵隊や下士官から、そういうものはなかったんですね。私らと一緒に生きた後藤惣助という兵隊はですね、宮城県出身の准尉の人が、もう定年が、軍隊におっても、何年切った、もうこれで異存がないから川の中に飛び込んで報告するというので、すっかりと服を脱いでですね、そいで入ったんです。その服を取って着て居ったんですよ。フランネルをね。とても暖かくてね、実際助かったてばす。将校のねえ、外とうは。ところが兵隊や下士官あたり低級品ですからね。将校の人はまあ、なんです、服装は大事。日清戦争の経験のある将校もありましたから、だから防寒手当については多少やった……後はもうわかりません。下士官なんかも日清戦争のとき、凍傷で切断されたとかねあるいは死んだとか、全然知らないですからね。もうそれ知ったらまあ大変だったでしょう、先に取って……」

被服の差異、防寒・凍傷に関する教育不足、不満な思いが言葉のはしばしににじみ出ていた。それは軍の防寒に対する未熟さと制度の問題があったといえる。将校の被服は自弁だったので、良い生地を使ったり裏地を毛皮にしたりと多種多様だったらしい。下着も柔らかく軽い毛織物のネルを着ている。下士以下は支給品で木綿だった。軍は木綿の下着を重ね着させることで寒さに対応させていた。綿は汗を吸収すると肌にぴたりとへばりつき体を冷やすので、冬山には不向きである。それに比べ毛は、汗をかいても体に密着することなく保温性もあった。

自衛隊の八甲田演習で、先輩隊員が初めて演習に参加する隊員に、官品の防寒シャツ（毛）を表裏逆にして肌に直接着るよう教えていたのも、起毛された表側を肌にあてる防寒の知恵だったのである。

神成大尉が、兵卒の服装を防寒に劣る小倉服としたのはなぜなのか。

手がかりは『八ッ甲嶽の思ひ出』のなかにあった。

〈現今は防寒に対する被服及び携行口糧の設備は頗る完備し殆んど間然する処なき程なるが、当時は頗る幼稚にして被服丈は候補者晴れの行軍であったから絨衣袴なりし

も、下着は木綿の洗い晒《ざらし》の襦袢《じゅばん》、袴下軍手の手套及靴下、麻の脚絆……〉

ハレの行軍だから絨衣袴を着たのならば、普段は絨衣袴を着ないということになる。陸軍の服装規則に「小倉衣袴は兵卒平常屯営内に在るとき及び練兵等をなすときのみ着用するものとす」（第四十六条）、「前条に掲ぐる如く小倉衣袴を着用すべしと雖も時宜に依り之を要するときは隊長の存意を以て絨衣袴を着用せしむることを得」（第四十七条）とある。

神成大尉は着意を以て小倉服と示したわけでなく、単に規則どおりやったに過ぎなかったのである。それも時宜を考慮せずにやったのだった。

陸地測量部撮影の『青森衛戍歩兵第五聯隊第二大隊雪中行軍遭難写真』を見ると、当時使用していたわら靴の写真がある。その説明にこうある。

「松樹に懸けたるは雪中用ツマゴ即ち藁靴の乾燥しあるもの成り」

写真のわら靴をよく見ると、かかと付近の深さは足首ぐらいまでだった。脚絆をつけたとしても雪の浸入を防げなかっただろう。

水野中尉の遺体は一月三十一日に捜索隊に発見され、二月一日夜には屯営に搬送されていた。遺族はすぐに遺体を確認している。その時の様子が二月五日の報知新聞に「惨死将校水野中尉令弟の談話」として載っている。

「中尉は襯衣《しゃつ》ズボン下各二枚に靴下三枚を着け軍服を着し実家より送られたる防寒衣を身に纏い足に藁靴を穿ちたる儘棒の如く真直に氷結し居られ」

水野中尉は靴下の上に直接わら靴を履いていた。

小原伍長と一緒に救助された後藤二等卒は、事故から五十二年後の昭和二十九年八月、遭難者の冥福を祈るために青森に来ていた。その際に、事故当時の様子を語った内容が、八月十七日の東奥日報に載っている。

「田代平の温泉を通るというので兵士諸君は大いに喜び、通常の演習の時より薄着で二枚着るのをシャツ一枚減らし食料は二日分を携行、出発した。当時の兵隊の服装はいまの〝タカジョウ〟にワラ靴を履き、防寒帽といったものはなくただ外とうのズキンだけであった」

後藤二等卒は底が厚い鷹匠《たかじょう》足袋に直接わら靴を履いていた。もちろん足袋に防水性はない。

後藤伍長の次に救出された阿部一等卒は、昭和三十七年の雪中行軍遭難六十周年記念式典で当時の模様を語っている。

〈ツマゴもクツ下も足にくっついて、ナイフでけずるようにして切りとった。足の皮もケロリとむけたのに、われながらびっくりしたものだ〉（青森市史別冊雪中行軍遭

難六〇周年誌）

これらの証言から、五聯隊の隊員は靴下あるいは足袋に直接わら靴を履いていたのである。このやり方は、舎営のように夜囲炉裏でわら靴や靴下などを乾燥できる場合はいいが、そうでないときのわら靴は濡れたままとなる。雪中露営のような野外では、短靴（革靴）の上にわら靴を履くとか、替えのわら靴、靴下を携行するなどの工夫が必要だった。

二月十九日の東奥日報に陸軍佐官による「わら靴問題」の記事が載っている。「雪中行軍に藁靴を用うるということは一問題であります。成程藁靴は歩く時は暖いけれども運動を止めると夫れに附着した雪塊で却って凍傷を起すように思われます」恥ずかしがらずによく言えたものだ。わら靴の欠点がわかっていながら、何も改善されていないではないか。陸軍の防寒に対する無能さが見える。実際問題として、わら靴を長時間履くと、編み目に入った雪が体温で溶けてわらが濡れ、それがじわじわと広がりわら靴の中がびちゃびちゃになる。気温が低いとそれが凍るのだ。

泉舘の『八ッ甲嶽の思ひ出』には、「軍靴の上に藁靴を穿き」とあった。三十一聯隊は革靴の上にわら靴を履き、状況に応じて革靴で行進もしていた。また、当時の写真から背のうの両側に替えのわら靴を縛着していたことも確認できる。三十一聯隊と五聯隊とでは経験の違いが歴然としていた。

たった一人ゴムの長靴を履いていた倉石大尉はどうだったのか。山口大隊長を救助した人夫が、

〈倉石さんは深ゴムの靴を召し伊藤さんは靴の上に呉座《ござ》を巻いて脚絆の様にして居られました〉(福良竹亭『遭難実記雪中の行軍』)

と話している。また、倉石大尉及び伊藤中尉と行動を共にしていた小原元伍長は、

「倉石さんがあのゴム靴ですね。いまはないんでしょうけれども、オバシュズというのがありましたね。靴の上にかけるの、あれを履いていたすね。それから伊藤中尉の靴は厚いわら靴履いていたすね、自分で」

倉石大尉が履いていたゴム靴はオーバーシューズだったようだ。着用被服調査表によると、倉石大尉は毛糸靴下、短靴、ゴム靴となっている。つまり革靴を履いてその上にゴム靴を履いていたのである。

着用被服調査表の記録に短靴があるのは倉石大尉ただ一人だった。また、事故後の回収品に短靴がなかったことから、倉石大尉以外だれも短靴を履くなり携行するなりしていなかったのがわかる。

改編後の五聯隊には短靴の上にわら靴を履く文化がなかったようだ。それは一泊の

雪に埋まる歩兵第五聯隊の兵営

マツの木に吊るされた乾燥中のわら靴

雪中行軍しか実施していないので、「一泊の我慢だ」とし、服装装備に多少いい加減さがあったのだろう。

倉石大尉と一緒に救助された伊藤中尉は、支給品より厚い私物のわら靴を履いて、その上にござのような脚絆（ハバキ）を巻いていた。それはわら靴に雪が入るのを防止した。結果として倉石大尉と伊藤中尉は、足の指が凍傷になっただけで済んでいる。

着用被服調査表から、おもな隊員の服装と携行品を書き出すと次のとおり。

山口大隊長は、本ネルのシャツ・ズボン下、毛糸手袋、胴巻、短衣、わら靴、靴下、防寒外とう、図のう、時計磁石、金入、手牒。

神成大尉は、本ネルのシャツ・ズボン下各二、普通外とう、雨覆、毛糸靴下二、手袋、わら靴、時計、磁石、手牒、行軍計画、地図（二十五万分の一）。

倉石大尉は、本ネルのシャツ・ズボン下各二、皮手袋、短衣、普通外とう、防寒外とう、毛糸靴下、短靴・ゴム靴、雨覆、時計、手牒、金入。それぞれに共通して二種帽、上衣・ズボンが着用されていた。

神成大尉着用の雨覆はマントなので、一番外側に着るものである。神成大尉は最初から防寒外套を着ていなかったようだ。研究のためなのかもしれないが、自ら統制を守らないのは演習中隊長としてやってはいけないことである。統制の乱れは事故を引き起こす。

倉石大尉は相当用心深かった。演習参加者で一番防寒対策がなされていた。それが後の生還にもつながったのだろう。意外だったのは神成大尉の携行品に地図があったことである。しかも驚くことに二十五万分の一である。一キロが図上ではたった四ミリとなる地図が、八甲田雪中行軍に役立つはずもない。

当時の小縮尺では、陸軍が作成した輯製《しゅうせい》二十万分の一が代表的な地図だった。地形表現には等高線でなくケバが用いられ、村落と経路がバスの路線図のように丸と線で表現されている。当然田代街道はない。大雑把で精密性もないので、地図で現在位置を評定することはできない。二十万でそうなのだから二十五万はそれ以下となる。行軍に役立たない地図を本当に携行していたのか疑問である。陸軍大臣命で五聯隊に派遣されていた田村少佐が、五聯隊に地図を求めたが、なかった事実もあった。神成大尉が地図を携行したとする顚末書は、地図不携帯の批判報道からしばらく後の報告であり、地図の携行はねつ造の可能性が高い。

下士以下で一番防寒処置が良かったのは、救出された村松伍長だった。調査表でほとんどの隊員がシャツとズボン下各一～二枚なのに、村松伍長は「繻袢三（内私物ネル製一を含む）、袴下二、胴着一」となっていた。また、足の防寒・防水処置もなされていた。
〈村松伍長等は出発前夜、酒保から油紙、新聞紙、唐辛子等を買求め準備したというが大部分の者は「明日は田代温泉に入って酒でものんでゆっくりやろう」という程度で……〉（第五普通科連隊編集『陸奥の吹雪』）
油紙で防水、新聞紙で保温、唐辛子による発熱作用の三つで足を守ったのである。
行軍命令は続く。
「輸送員として各小隊より兵卒十四名を当日午前五時三十分までに炊事掛軍曹の下に差出すべし其服装は背嚢を除き普通外套を肩に掛く」（大臣報告）
輸送員とは行李となる橇をけん引する要員である。橇には露営に必要な食糧、燃料、資器材等が積まれる。輸送員は普通に歩く隊員より負担が大きいので軽装となる。
食糧は「精米一人に付六合　缶詰肉三十五貫匁　漬物六貫匁」、「携帯口糧　糒一日分　餅各人六個（壱個約五十匁）」となっている。主食の米は一人一日六合と「陸軍給与令」で定められていた。缶詰肉は約一三一キロで一人約六〇〇グラム、漬物は約二二キロで一人約一〇〇グラムとなった。一食はご飯二合、缶詰肉二〇〇グラムと漬物三〇グラムとなる。精米の総重量は神成大尉の計画で一・二六石となっている。わかりやすくすると米俵三俵強の約一八四キロである。

増加食の餅は一人六個で約一一二五グラムとなり、そのカロリーは約二六四〇キロカロリーと大人の一般的な一日の摂取カロリーを越える。糧食は非常糧食の糒を合わせると三日分ぐらいになるので、一泊行軍としては十分な量だった。

糒について小原元伍長は、

「もち米を粉にしたのあるんですね、あれを小さい袋に入れてそれを三個持ってたんですね。一個一食ですね」

と説明している。

演習間の食事は当日の昼は弁当のご飯、当日夕と翌日朝・昼は田代で炊さんのご飯、ただし、昼は朝焚いたご飯を飯骨柳に入れて携行する予定だったのだろう。

炊具と雑具は「釜并《ならび》に付属品二組　炊爨《すいさん》用雑具一組　円匙十個　十字鍬五個」、「燃料　薪（焚付《たきつけ》）六十貫匁　木炭四十四貫六百匁」、「運搬具　橇十五台」、「踏雪用寒地着四十個」となっている。歩兵大隊は駄載器具として円匙四十八、十字鍬十六などを保有していた。だが演習に携行した円匙はわずか十本となっていた。二十一人にスコップ一本の割合である。一本のスコップで二十一人が入る穴を掘るとしたらかなり時間がかかる。

自衛隊の八甲田演習では、隊員一人に一本ぐらいの割合で円匙（角スコップ）を携行している。

神成大尉の計画は大臣報告より詳しく、橇と人員等の数を示した「行李編成」、鉄釜や包丁等の「携行炊爨具員数表」が載っている。

また、「携行すべき器具材料並糧秣」には大臣報告にはなかった「清酒二斗」が記載されていた。大臣報告を作成した時点で清酒二斗の調達がわからなかったはずもなく、報告をためらったということなのだろう。二斗というからには酒樽を携行したのであろうか。二斗は二〇升で一人あたり一合弱となる。これが兵士の「温泉に入って酒でも飲んでゆっくりやろう」につながっていたのである。

炊さんに使用される薪が六〇貫匁、キロ換算で二二五キロ、割った薪が十本五キロとすると四五〇本の薪となる。将兵の暖に使用される木炭は四二貫で一五七キロ、六貫（二二・五キロ）の俵で七俵となる。

木炭は各小隊あたり一俵となり、一晩をしのぐには適当な量だった。

携行品を積む橇は十四台で、他に予備として三台あったが、一台の橇に二台積んでけん引して橇の数を全部で十五台とした。

神成大尉の計画に示された食糧、燃料及びその他携行器材の総重量は約八五〇キロと見積もられた。

橇の重さについて、長谷川特務曹長が二月二十一日の東奥日報で話している。

「一台には一五貫目位かの行李を載せてあるので」

一五貫目は約五六・二五キロとなるので、行李の総重量は約七九〇キロとなる。

見積の方が六〇キロ重かった。見積は精米の重量を一日分の約一八四キロで計算していたので、行李の食糧が一日分以上にならないのは確かだった。

橇一台の輸送員は四名、予備の橇は二名で合計五十八名の輸送員が必要になる。

二十一日の命令では各小隊十四名の差し出しとなっていたので、輸送員は計五十六名となる。ちょうど予備橇を曳く二名が足りない。

後藤伍長の証言に「六十名の兵にて糧食其の他薪炭等を積める橇を引き行きしが……」とあった。もしかすると輸送員の差し出しは各小隊十五名だったのではないか。

それであるならば輸送員は六十名となり二名余るが、その余りは予備の輸送員とでもしていたのだろう。

命令の最後には決まり文句が付け加えられている。

「右の外実施に関する細事は凡て神成大尉の指示を受けるべし」

これによって神成大尉はいちいち大隊長の許可を受けることなく、大隊内に準備に関する命令指示を出すことができるのだった。顚末書ではこの後に続けて、一回り小さな文字で括弧書きがされている。

「整列時間午前六時とあるを後に六時三十分と改めたり」

一般に、軍隊において命令の変更は好まない。特に時間変更は部隊を混乱させる。しかも演習の最初となる集合時間の変更なのだ。あえてそれをやったのには何か大きな理由があったのだろう。この問題は出発当日の状況で明らかにする。

顛末書の正体と族籍問題

顛末書では、神成大尉の計画の後に大臣報告にはなかった永井軍医の「雪中行軍時衛生上の調査予定項目」が書かれている。

「一、気象(天候、気温、風力、風向)」、「二、行程及行進の難易積雪の深浅及び其性状」、「三、携帯品目及其負担量」……「十、飲酒の多少と防寒の関係」、「十一、患者の景況」、「十二、患者運搬法」。

顛末書は、この調査項目が永井軍医の机の中から出てきたとしている。それ以前の大臣報告作成時、後藤伍長以外は全員凍死したと認識していた聯隊が、そのときに参加した将校の机を探していなかったのかと疑問が残る。

二十二日午後、大隊長は中隊長を集めて注意を与えたとしている。これは出発前最後の行事となる。準備状況の確認、命令の補足、注意事項の徹底等を行なうのだ。この後は明日の集合・出発を待つばかりとなる。

「今回の行軍は地形に比しては里程稍遠きの感あれども、天候の妨げなくんば目的地に達し得るものと信ず。而れども万一露営を為すの止むを得ざるに至ることあらんも、保し難ければ将校已下充分防寒に注意し用意周密なるを要す。特に藁靴製作及び穿方に注意し途中破損の虞《おそ》れなからしむべし。又各自に可成《なるべく》懐炉を携帯する様取計われたし。衛生上の注意は軍医の意見を実行するを力《つと》めよ」

わら靴は出発前日の隊容検査終了後に交付されたのであるから、やれることとしてはおそらく足に合わせて調整することぐらいだろう。本来は、途中破損してもいいように予備のわら靴を携行するのが軍の常識である。

カイロについて小原元伍長は強い口調でこう言った。

「カイロはありません。全然ないです」

実際、被服調査表の携帯私物品にカイロはない。また、事故後の回収品にもカイロはなかった。この演習にカイロは存在していないのである。大隊長も携帯していないカイロをどうしたら携帯するよう注意できるのか。

しっかり準備をしたと強調するためのねつ造だろうが、デタラメ過ぎる。

顚末書では注意の内容を少し変えている。

「露営をなすの止むを得ざるに至ることあらんも保し難し之が為薪炭をも携行する考えなり……成し得れば懐炉を携帯するも亦一法ならん……（此注意は生存者の言に依る）」

神成大尉の計画で炊さん、採暖に必要な薪と炭の携行は決まっていた。大隊長の判断で薪と炭の携行が決まったわけでない。また、大臣報告ではカイロを携行するようにいっていたのが、カイロの携行も一法だろうと表現が後退している。カイロの携行などなかったのに、なおカイロにこだわり、嘘を続けるのだった。

顚末書では、大隊長の注意の最後に「此注意は生存者の言に依る」とカッコ書きがある。だが、これこそおかしな話である。大隊長の注意は中隊長に行なわれたとしている。この会議の参加者で生還したのは倉石大尉のみである。だが顚末書と同じような内容の「大隊長の注意」が書かれた大臣報告が提出されたのは、倉石大尉が発見される前である。では大臣報告にある「大隊長の注意」は、一体誰の証言によって書かれたことになるのか。そのとき生還していたのは後藤伍長ただひとりである。大隊長の注意に続いて軍医の注意があった。今回は中隊長に実施したとなっているが、それもおかしな話である。軍医の注意は経験少ない兵卒を主体に実施されるのが普通だ。これからすると、中隊長は軍医から聞いた話を中隊の隊員に教育しなければならない。効率と効果を考えたら行軍参加者全員を集めて実施すればいいことである。

「衛生上に関する軍医の注意」は次のとおり。

「一、雪中行軍休止時間の長きは凍傷発生上頗る危険なるを以て一回約三分時を超えざること」、「二、休止の間は各兵手指を摩擦し絶えず足踏を為し居るべきこと」、「三、各兵全身を可成温包し殊に放尿済袴の「ボタン」を掛ることを忘るべからず。否《しか》らざれば陰部の凍傷を起すの恐れあり」、「四、空腹は凍傷を来すの大原因に付食時残りの飯は投棄せざること」、「五、酒を飲むときは凍傷に罹《かか》り易きに由り飲酒家も必ず酒を慎むべきこと」、「六、雪中行軍露営時には成るべく睡眠せざる様注意すべきこと」、「七、手指鼻耳趾其他全身諸部の寒冷凍結する際は雪片次に布片にて摩擦し其部赤色を呈するに至るに非ざれば火気に温め又は温湯に入るべからず」、「八、湿潤は凍傷を起し易きを以て手袋靴足袋等は防潤に注意し湿るものは可成早く干燥すべきこと」

軍医も露営ではなるべく眠るなといっている。計画に寝るための装具は一切ないことから当然といえば当然である。

ただ、軍医の注意は二十三日の出発直前に実施されたとする新聞があり、出発前の次第として慣例的なことを考えると、その信ぴょう性は高い。だとすれば、二十二日に行なわれたという軍医の注意はあるはずもない。

中央に「歩兵五聯隊」と印刷された起案用紙で七枚になる計画の最後には、すでに指摘した次の文で終わる。

「右大隊長の判断計画并に諸注意は聯隊長に於て適当なるものと認め凡て之を認可せり」

大臣報告を提出後、津川聯隊長がその報告を何度か読み返してみると、自分に不利な記述が随所にあった。特に大隊命令下達後に聯隊長決裁が行なわれている。津川は、次の報告はこれらをうまく修正しなくてはと考えていたに違いない。そして、顚末書で、この文を行軍に関する命令の前に移動させたのである。その結果、聯隊長の一方的な命令による演習だったことが証拠として残ってしまう。すでに、顚末書は本物の計画とそうでない計画を併記したと書いた。本来は神成大尉の計画が見つかった時点で、大臣報告は修正されなければならなかった。だが、五聯隊はあろうことか大臣報告をベースに、神成大尉の計画や新たに判明したことなどを加えて顚末書とした。書き方の異なる行軍目的が二つあったりするのだから、当然内容に齟齬《そご》をきたす。さらには隠ぺいとねつ造がそれに加わるのだから、始末に負えないものになってしまったのである。

田代に出発する将校の士気は高かったとはいえない。倉石大尉は積極的な参加でなかったようだ。

〈大尉はそのころ肝臓を患って粥を食べていた。はじめ雪中行軍に参加する予定でなかったのが、行軍隊の送別会に列席したところ山口大隊長から参加するよう誘われて加わった〉(『青森市史別冊雪中行軍遭難六〇周年誌』)

山口大隊長はどうして病人の倉石大尉を誘ったのか。やはり士族で士官学校出の若い中隊長がほしかったからなのだろう。平民で士官学校も出ていない神成大尉を信用していなかったのだ。信用できない神成大尉を演習中隊長にしたのは、神成大尉以外に田代街道を歩いた経験のある中隊長がいなかったからなのだろう。

もしかすると、この演習において一番の問題は族籍にあったのかもしれない。この編成の将校で平民は神成大尉と伊藤中尉の二人だけで、華族の水野中尉を除く山口少佐以下はみな士族である。将校といえども士族と平民とでは厳然と身分格差があったらしい。それに薩長閥がまだはびこっていた時代でもある。

どうも山口少佐と倉石大尉は神成大尉を軽んじていたようだったし、神成大尉は山口少佐に逆らわず自らの意見を述べることもなかったようだった。結果として、それが事態を悪化させてしまうことになる。

ところで、五聯隊将校団はこの行軍の壮行会を行なっている。出発前日、長谷川特務曹長は友人と夜更けまで酒を飲んでいた。同じく前夜、中野中尉と同期六名が一緒に酒を飲んでいる。将校団の宴会後、気の合う仲間同士がなじみの店で飲みなおすことは多々ある。もしかすると将校団の宴会は出発前夜に行なわれていたのかもしれない。だとしたら、初めて冬の八甲田に挑むにしては、あまりにも楽観的で緊張感が欠けていたといわざるを得ない。たとえ壮行会が出発前夜でなかったとしても、五聯隊が山岳の雪中行軍を甘く考えていたことに変わりはない。長谷川特務曹長は事故後の取材にこう話している。

「行軍の前夜は友人と酒盃を傾け余程夜更けまで快飲して居ったが……ナニ此の時の考では田代と云うては僅かに五里ばかり、湯へ入りに行く積りでタッタ手拭一本を所持したばかりであった」(二月二十一日、東奥日報)

経験豊富な準士官でこんな状態である。大方の参加者も似たような状況で、いつもの雪中行軍だろうくらいにしか考えていなかったのだ。

田代を知らず、計画と準備は不十分なまま、二大隊は悲劇へと突き進むのだった。

第四章　行軍開始

集合時間の変更

大臣報告は、出発した朝の様子について次のとおり書いている。

「一月二十七日午前六時所命の如く集合す其人員左の如し」、「将校一〇（軍医一含有） 特務曹長四 見習士官二 下士卒一六〇 第三年度長期下士候補生三四 計二一〇」、「午前六時二十分編成を終わり四十名の踏雪隊を先頭とし行李輸送隊を後尾として出発し行軍の途に上れり当時積雪の状況は当地方に於ては格別驚くべきの事にあらず」

明らかに二十三日を二十七日と間違えている。これが書かれたページには、「二十三日の誤ならん」と付箋がある。おそらく陸軍省で貼ったものだろう。大臣への報告なのに初歩的な文書の点検がなっていない。

演習部隊の出発時間は六時二十分過ぎなのだろう。部隊行動のなかで出発時間は重要な結節である。それを文書にする場合は、「六時二十分屯営出発」のように書くものである。

大臣報告ではこれ以降、後藤伍長発見まで二大隊の状況は記述されていない。要するに不明ということなのだろう。

三月に提出された顛末書には、二十六日までの演習部隊の彷徨が書かれている。だが、二十七日以降は「殆んど個人の動作に止り行軍隊の運動として記す可く且つ研究すべき価値なし」とし、数個に分かれていた生存者の状況を省略した。そしてその後については、各人の陳述書を見ろとしたのだった。また、捜索状況では後藤伍長の救出のみが書かれていて、他の救出については記述されていない。

陳述は倉石大尉、長谷川特務曹長、後藤伍長、村松伍長の四名にされただけで、全員に行なわれたわけではない。例えば三浦武雄伍長と阿部一等卒のように、いつ、どこで救出されたのか、全く顛末書に書かれていないのだ。

生存者救出の判断を完全に誤った津川にとって、後藤伍長以外の救出劇は報告しないほうが都合よかったのである。

顛末書は集合時間が大臣報告と異なり、三十分遅くなっている。

「午前六時三十分第二大隊は所命の如く集合す……」

この記述につじつまを合わせるかのように、二十一日の行進に関する命令の最後に小さな文字で「整列時間午前六時とあるを後に六時三十分と改めたり」と書き加えられていた。普通に考えたら、後の報告となる顛末書が偽っていることになる。普通、行動開始の一発目となる集合時間を間違うはずがないではないか。

顛末書における集合時間の変更はいつされたのか。長谷川特務曹長の証言が載った新聞記事に、行軍前夜は友人と酒を飲んでいたとあったが、その続きに、

「夜更けまで快飲して居ったが、翌朝の六時までに兵営に集まらねばならぬので、此の具合では遅刻はせぬかと懸念して居った、処が案外にも五時頃に起きて出かけて行った」（二月二十一日、東奥日報）

とあり、当日の集合が六時であったことは間違いない。また、長谷川の話に時間変更を匂わすような言葉はなかった。

また、及川一等卒の手紙には「明日午前六時半屯営出発」とあった。六時半に屯営を出発するには、次第の所要時間を考慮すると六時集合が妥当となる。及川一等卒が手紙に出発時間を書いたのは、命令で六時半出発となっていたか、出発が六時半頃と予想されたためなのだろう。そうなると集合時間の変更は当日に行なわれたということになる。ところが和田五聯隊副官は二十九日に、

〈一月二十三日午前六時行軍隊の一行二百余名営庭に集合の上演習地に向って進発せり〉（福良竹亭『遭難実記雪中の行軍』）

と明言している。つまり集合時間の変更はなかったのである。

また、出発時間について、「歩兵第五聯隊雪中行軍遭難者病床日記」の後藤伍長の

項に、

〈本年一月二十三日午前七時頃屯営出発し隊伍に列し田代村に向い雪中行軍を試みたり〉

とある。病床日記はわかりやすくいうとカルテと同じようなもので、傷病の原因、治療及び経過等が記録されている。最初に救助された後藤伍長の病床日記には、他の隊員に比べて出発から救助されるまでの状況が詳細に書かれていた。そして、大臣報告にある作文のような後藤伍長の口述と違い、真実味があった。それはこの病床日記が青森衛戍《えいじゅ》病院の管理下にあり、五聯隊の偽装工作から漏れていたからである。

七時頃の屯営出発は顚末書の出発時間を裏付ける。そうなると、大臣報告の六時二十分頃の出発が怪しくなる。大臣報告が出発時間を明記していなかった理由はそこにあったのだ。

顚末書では、神成大尉が六時三十五分に兵営において命令下達を始めたとしている。「一　中隊は本日予定の如く火打山を経て田代に向て行軍をなす」、「二　行軍序列は伊藤、鈴木、大橋、水野小隊にして中野特別小隊之に次ぎ行李は最後尾に続行すべし」、「三　先頭小隊は寒地着を穿ち通路を踏開し行李の行進を容易ならしむべし。而して毎五十分に小休止を行う此の時期に於いて先頭小隊は順次に交代すべし。但し幸畑村迄寒地着を用いるに及ばず」、「四　行軍軍紀を守るは勿論前日示せし雪中衛生法の実行を怠るべからず」、「五　予は寒地着隊の後尾に在て行進す」と下達した。

「午前六時五十五分二列側面縦隊を以て営門を出発す」

命令下達から出発までは二十分ある。命令下達に長くても五分、続いて各小隊長が小隊命令を下達したとしても五分で、あとの十分は何をしていたのだろう。まさか出発時間になるまで黙って待っていたわけではあるまい。

通常、大隊主力の演習ならば、集合後の次第として編成完結、演習中隊長訓示、大隊長訓示等が行なわれる。演習中隊の命令下達だけでは不自然過ぎる。

二月一日の時事新報に載った出発前の様子を見ると、やはり顛末書は事実を隠していた。

「山口少佐が雪中行軍の中隊を編成して神成大尉を指揮官とし諸般の準備を整えて出発せんとするに際し少佐自らも一行に向て厳重なる訓戒を降し津川聯隊長よりも懇々行軍に関する心得方を訓示し軍医よりは進軍中に休息する際の注意凍傷の予防方法若しくは宿泊の際安眠すべからざる事等八箇条ばかり……」

出発前に、大隊長と聯隊長の訓示、軍医の注意が行なわれていたのだった。その聯隊長が集合時間や出発時間を知らないはずがなく、ましてやそばには聯隊副官もいたはずである。当初は三十分ぐらいで終わる次第だったが、前日にでも聯隊長が訓辞をするとでも言い出したのかもしれない。その朝の次第を推量すると、編成完結、演習中隊長訓示及び命令下達に十分、大隊長訓示に十分、軍医の注意に十分の計三十分となる。それに連隊長訓示が加わるのだが、残り二十分あまりある。いくらなんでも二十分の訓示は長すぎる。もしかすると聯隊長は出勤が遅れるとか、聯隊長室で訓示まで控えていたとかして訓示開始まで間が空いたのではないか。

六時集合、六時五十五分出発と書けなかったのは、厳寒の中、一時間近く何をしていたのか追及される恐れがあったからだ。だから大臣報告では六時集合、六時二十分頃出発と偽り、顚末書では六時半集合、六時五十五分出発と偽ったのである。

結局、五聯隊が隠しかったのは、聯隊長が訓示をした事実なのだ。つまり二大隊の訓練に聯隊長は深くかかわっていない、としたかったのである。

しかし、あえて追及の危険を冒してまで大臣報告の集合・出発時間を改めたのはなぜなのか。

考えられるのは、陸軍大臣直命で派遣された田村少佐に、大臣報告の出発時間が違うと指摘されたのだろう。集合時間は準備や時間前行動で早く集合したりするのでごまかせるが、出発は、部隊が整然と行進し営門を通過するので欺くことはできない。

衛兵所では部隊の営門出入時間を記録していただろうし、衛兵司令以下の衛兵がその通過を確認しているのだ。津川は自分に不利なことを隠そうとしてあれこれ手を尽くしたのだろうが、やはりどうしてもほころびが出てしまうのだった。

行軍出発当日朝の天気は薄曇り、西の風最大風速一・三メートル、気温はマイナス六・七度と、この一週間で一番低い。前日の降雪は一・五センチで、積雪は約九〇センチ（二尺九寸七分）だった。

「当地方とすれば、さして悪天候でなく寧ろ良いお天気でありました」

と、伊藤元中尉は口演で話している。

各小隊の輸送員が炊事掛軍曹の掌握下に入った五時三十分頃は、まだ暗く作業には明かりが必要だった。東の空が白み始めた五時五十分頃には演習部隊が五中隊舎前におおかた集合し、各小隊長は隊員を掌握していた。神成大尉は部隊前方の中央に直立している。山口少佐らの編成外は、演習部隊から少し間をおいて最右翼に並んでいる。

六時、起床ラッパが鳴りその吹奏が終わると各小隊長は順次、神成中隊長に敬礼をして小隊の編成完結を報告した。中隊の編成完結を確認した神成中隊長は命課する。

「当演習中隊の指揮を神成大尉が執る」

続けて訓示し行進命令を下達した。その後、山口大隊長、聯隊長と訓示が続き、最

第五聯隊の営門。ここから雪中行軍に出発した

後に医官から衛生上の注意が達せられた。もしかすると聯隊長訓示は最後だったかもしれない。厳寒のなか、山口大隊長と聯隊長の長々とした話は、隊員の士気を一気に低下させたに違いない。

六時五十五分営門通過、行進順序は一小隊、神成大尉、二小隊、三小隊、四小隊、特別小隊、山口少佐以下の編成外、行李の順となる。営門を出て目前の道を左に進んだ。幸畑までは三・二キロ、人馬の往来があり多少圧雪されている。また、高低差もほとんどなく平たんな道だった。

報知新聞記者福良竹亭著の『遭難実記雪中の行軍』に、福良が五聯隊の屯営から遭難地へ向かったときのことが記述されていた。屯営から幸畑までの様子がこう書かれている。

〈見渡せば賤《しず》の伏屋《ふせや》草も木も皆な白妙《しろたえ》となり迢通《たんつう》一望の銀世界……幸畑村に至れば此処には人家散在して何れも雪に埋められ村社の森にさわぐ鴉の影も寂しく……〉

一月下旬は雪が降りやすく、八甲田山は雪雲に包まれることが多い。この日もそうだったに違いない。荒涼たる白銀の平野を黙々と演習部隊は進んだのである。

江戸時代に桑畑村といっていた幸畑村は、青森平野と八甲田山のすそ野との境にあった。『新撰陸奥国誌』によれば、〈土地中之下、炭薪を余業とす……家四十二軒〉とある。

七時四十分頃、演習部隊は幸畑村に到着、約十分間の休憩をとった。休憩といってもただ休んではいられない。大小便を済ませ、服装、装備などの不具合を正さなければならない。

「幸畑より先は積雪が深いので先頭小隊はカンジキを履き、三人二人三人二人の縦列を以て行進し以て後続部隊及び大行李の道を踏開きしつつ行進しました」

と、伊藤証言にある。

大臣報告に「四十名の踏雪隊を先頭とし」という記述があった。カンジキが四十足あって小隊がだいたい四十名なので、ラッセルは四十名と思いがちである。けれども、各小隊は兵卒十五名を橇の輸送員に差し出していたので、実際のラッセル要員は二十五名ほどとなる。

橇の輸送員はその時すでに汗びっしょりとなっていた。毛布で作られた防寒外とうでは暑くて耐えられず、薄い普通外とうに着替えた。ここまで三・二キロ、田代までは残り一八キロでほとんど登りとなる。三・四キロ先の田茂木野までは標高が一五〇メートル高くなる。

休憩後、前進を開始して五〇〇メートルほど進むと右手に陸軍墓地が見える。皮肉にも、この行軍に参加した将兵のほとんどとなる一九九名の埋葬式が、翌年の七月二十三日にこの墓地で挙行されることになる。

「山の神の日」のデタラメ

福良の『遭難実記雪中の行軍』から田茂木野までの様子を抜粋すると、次のとおり。

〈幸畑より田茂木野迄は八甲田山の裾野にして見渡す限り銀世界となりぬ。天は晴れたれども奇寒《きかん》骨を刺して手足も凍るばかり。足踏み鳴らして暖を取りつつ進むに道はいよいよ高くなりて、後ろを見返れば青森湾の水青くして雪白の平野に連なり、青森市街は脚下に来りて叢林《そうりん》村落悉《ことごと》く指点すべく風景絶佳絵も及ばず……雪道を登り或は下り行くほどに前方の杜の近くなりて其陰より二、三の人家現われぬ。其れなん田茂木野の村落なりける、田茂木野は戸数僅に十一戸の山村にして平常には人の交通も稀れなれども……此辺は雪深くして稲荷の赤鳥居殆んど雪中に埋められ僅に其上部を現わすのみ〉


田茂木野村について『新撰陸奥国誌』では、〈八耕田山の山脚荒野の中にあり、田なく畑あり、夏日は薪炭冬日は山猟を業とし……〉とある。

数日後、この村はまるで戦地の兵站基地のごとく将兵らで溢れかえるのだった。

二月八日の萬朝報によると、田茂木野で事件が発生している。演習部隊に対して農民らが行軍をやめるよう、また案内人をつけるよう諫言したが、演習部隊は農民らを叱りつけて田代に突き進んだとしていた。さらにそれ以前の問題として「山の神の日」のタブーを犯しているとした。萬朝報はこれらのことから五聯隊を厳しく批判した。今ではこれらが事実のごとく語られている。

しかし、小原元伍長は案内人などについて、

「寄っていません。全然ないです」

ときっぱり否定した。

真偽はどこにあるのか。まず山の神の日から検証してみる。記事にはこう書かれている。

「一月二十四日は旧暦十二月十二日にて青森の俗、『山の神の日』と唱えて古来幾百年間大暴れの絶えしことなく、市民も村民も互いに相警《いまし》めて外出せざるの例にて、現に其の前日も天候険悪の兆ありたるに、第五聯隊の一隊は之を顧みずして出発したり」

「山の神の日」は薪炭、猟を業とした田茂木野村、幸畑村等の一部地域で信仰されていたもので、多くの青森市民には関係がなかった。地元の新聞には台風がこの前後に

多いといわれる「二百十日」に関する記事があっても、「山の神の日」に関する記事はなかった。

この萬朝報の記事が誤っていることは、『新岡日記』の明治三十五年一月二十一日を見ればはっきりする。

「一月二十一日　火曜日　旧十二月十二日　天気　晴或は曇　西方の強風吹き時々雪ふる

山の神　旧十二日は山の神　本日は、山の神の日とて村方一同休み餅などつき酒を汲みかわして、いと面白げに打興じつつ楽しめり、『エビリ』舞等ありて賑やかなり」

山の神の日は一月二十一日であって萬朝報がいう一月二十四日ではない。二大隊が行軍を実施したのは二十三日であり、山の神の日はかすりもしない。そもそも、軍隊に山の神の日は関係ないし、一月の八甲田が荒れるのはいつものことなのである。

また、記事にあった「外出せざるの例」についても、翌年の日記で誤りが明らかになる。

「一月十日　土曜日　旧十二月十二日　山の神　十二日、山の神、当松野木にて炭焼組は炭小屋にて山子は（堀差組）村へ下りて各自組合にて祝いせり」

村人は山の神の日であっても山に入っていたのだ。つまり山の神の日に関する記事は全くのデタラメだったのだ。

これらの記事は、田茂木野あたりで聞いた話をもっともらしく記事にしたのだろう。そしてその証言をした人物は記憶が間違っていたか、ホラを吹いたかのどちらかなのだろう。そうでなければ、萬朝報は悪意をもってねつ造記事を書いたことになる。

次に諫言があったのかだ。

「其幸畑を経て田茂木野に至りし時、農民出でて其の到底前進す可らざるを切言してこれを諫止せしも隊長等は之を叱り飛ばして進行したり」

「第五聯隊の一部隊が沿道の農夫等が案内者の必要を忠告せるに会えるも『其方共は銭が欲しくて爾かいうのみ』と叱り附けて取上げず」

これらについて小原証言は否定している。

考えてみると、当時、天皇の軍隊を止めて物申す農民がいただろうか。二百名あまりの将兵が行軍しているさまは威圧があり、高い地位にある者か、よほど度胸のある者でなければ呼び止めることなどできるはずもない。

筒井村民は営所用地買収反対の怒りを官ではなく、軍の調査団が宿泊した浅田家に向けた。また、三十一聯隊の道案内人は八甲田山中でのできごとを福島大尉に口止めされ、二十八年間、口外することはなかった。そのような風土気質にあった農民らが、天皇の軍隊に対して行軍をやめろと言えるはずもない。それに農夫らがどうして二大隊に道案内が必要だと判断したのか、おかしな話である。

ひょっとすると、これらを証言した人物は「山の神の日」を証言した人物と同一なのではないのか。だとすると、なかったことをさもあったかのように、

「だからやめろと言ったんだよ」

と得意になってホラを吹いたとしてもおかしくない。

現地を取材していた地元紙東奥日報、時事新報、東京朝日新聞、中央新聞、報知新聞、読売新聞にこれらに関する報道は見当たらない。

萬朝報のこの記事が出る三日前の二月五日に巖手毎日新聞、翌日の二月九日に新聞『日本』がそれらしき記事を書いている。巖手毎日新聞にはこうある。

「役場員及び古老が強諫的注意警告を斥けて只管《ひたすら》暴虎《ぼうこ》馮《こひょう》河に軽進したる結果……」

軍と役場の力関係は軍が上位にある。福島大尉の計画した雪中行軍で、ほとんどの町村は福島に饗応した。そのような環境において役場員が強諫的注意警告をするはずもない。

新聞『日本』にはこう書かれている。

「山の神の荒れ日と称し……村民相戒め外出を禁ずるが例なり、行軍隊の中には十年

以上も五聯隊に勤務したる将校もあれば此の風習を熟知し居るのみならず寧ろ此風習に逆らい村民の注意を排斥し山の神の前日即ち二十三日をもって出発したり」

これも山の神の日が萬朝報と同じ日となっていて間違っている。それに小原元伍長は山の神の日について「私ら知らなかったんですが……」と話している。繰り返すようだが、山の神の日は新聞にも載らない、山を生業とした一部地区での風習でしかないのだ。

当時の新聞には遭難事故に関し、憶測やねつ造記事があったようだ。また、真偽は別としてスクープがあると、他の新聞も同じ内容の記事を載せていることもあった。

田村少佐も、

「新聞記者多数当地に出張しあり此事件新しきなること無きこと推応憶説を逞《たくまし》ある記載するものあり」

と大臣に報告している。

残念ながら『陸奥の吹雪』は、小原証言を無視して萬朝報の記事を取り上げ、事実として話を進めている。ほとんどの新聞は、道案内を雇わなかった五聯隊と道案内を雇った三十一聯隊とを比べ、五聯隊の不備を批判した。しかしながら、よく考えてみると道案内人に頼る訓練はまともな軍隊の訓練といえるのだろうか。

師団は人馬往来しない道路のわからない所で訓練するよう指針を示していた。果たして道案内人を雇うことは師団の指針に忠実なのだろうか。

部隊の命運が道案内人次第となれば、それは訓練ではなくして冒険になってしまう。ここであえて書くが、三十一聯隊の福島大尉はまさしく冒険をしたのである。これに参加した間山仁助伍長（行軍参加時）の『明治三十五年一月二十日雪中行軍日記』には、

「澤田、法量、深持の三ケ小学校歓迎ありて陸軍探検隊万歳雪中行軍隊万歳三十一聯隊万歳を参○呼して敬意を示せり」

とある。当時の人々も探検と思っていたのである。

進まない橇

演習部隊の行進はすでに順調ではなかった。伊藤元中尉はその状況を話した。

「私は先頭小隊の小隊長でありましたが、中々橇の通るような道が付きません。依って大橋中尉と私が相談の上、中隊長に意見上申し二一二一の縦列を以て進むことに改めて進みました」

ラッセル幅を狭くして、踏み固めの縦深を長くしたのである。

ところでなぜ伊藤中尉は、直接演習中隊長の神成大尉に意見を言わず、大橋中尉に相談したのか。

それは神成大尉の計画で、大橋中尉は「行進法の研究」の担当になっていたからである。ラッセルの要領も大橋中尉から示されていたので、伊藤中尉が大橋中尉に仁義を切ったというのが本当のところなのだろう。

そうなると、研究項目が前日に示されたというのはどうも疑わしくなってくる。小原証言ではずっと前には計画ができ、いろいろ会議を開いていたとあった。だとすると研究事項は早期に割り振られ、研究が練られていた可能性もあった。

演習部隊の先頭小隊が履いている木製の輪カンジキは、新雪の深雪にはほとんど役に立たない。春先に雪が融けたり凍ったりして、雪面が固まった頃に使うと足が埋まらずに歩ける。

一月に腰まで埋まる新雪で、木製の輪カンジキを付けた場合と防寒靴の場合とで、歩いたり走ったりして実験してみたことがある。効果はほとんど変わらず、両方とも腰まで埋まってしまう。しいていうならカンジキの方が若干埋まるのが少ない。でもカンジキは輪がじゃまになって歩きにくい。また、縛着がずれたりはずれたりして、それを直すのが面倒で時間もムダになるのだった。

伊藤証言に橇の道がつかないとあった。気温が低いときの新雪は圧雪してもよく固まらない。太陽が出るなどして気温が高くなると、雪が湿って固まりやすくなる。青森市の中心部にあった青森測候所の記録によると、一月十九日から薄曇りの真冬日が続いていた。及川一等卒の手紙にも「毎日降雪の為め太陽を見ることが無いで候」と書かれていた。

幸畑から先は標高が上昇していくので、当然気温も下がってくる。途中から雪は握っても固まらない、いわゆるパウダースノーとなっていたのだ。田茂木野を越えると、これまでの雪中行軍では味わえなかった低温を経験することになる。

行軍が順調にいかない理由はいろいろあるが、最大の原因は橇にあった。行軍に使用された橇は、棺が載るくらいの荷台と高さ三〇センチほどの脚部からなる。二つに分かれた脚の下にはスキーのような滑走板があった。この橇は雪の上に滑走板が浮いた状態が一番滑る。つまり雪がある程度固まっていないと滑らないのだ。深雪は滑走板と脚部を飲み込んでしまう。そうなると雪が抵抗となり、滑りは悪くなる。さらに雪が深いと脚上部の荷台や荷物までが雪の抵抗を受ける。極端に言うと、荷台の裏が滑走面になってしまう。そうなったら滑るはずがない。

橇が用をなさなかった端的な事例に、事故現場から田茂木野までの遺体搬送に橇を使っていないことがある。山の下りで使えない橇が、上りで使えるはずがないではないか。

訓練を何度もやっていれば、装備された橇が深雪では使い物にならないことはすぐにわかったはずである。前年の三大隊もそれで失敗しているのだ。新聞にまで載ったその失敗を放置したのは聯隊長の津川なのだ。橇が使えないとわかれば、最初から行李を背負うなどして行軍しただろう。滑らない橇は、兵卒の体力を奪うものの遅々として進まない。二大隊が遭難する大きな要因の一つはこの橇だったのである。

田茂木野の到着時間については記述がない。予行の検証で使った時速二・五キロを使って田茂木野村到着を推定すると、九時三十分頃となる。田茂木野を過ぎると寒さは一段と厳しくなり、積雪も多くなる。勾配は急となり体力的余裕を失う。人家は一五キロ先の田代新湯まで全くない。四キロ先の小峠は、行程の中間付近で田代街道最初の難所だった。

田茂木野からの状況を、顚末書では次のように書いている。

「傾斜漸く其度を増し積雪股を没するに至る為めに速度漸く渋滞し、特に行李の距離は漸次に延伸するに至るを以て其未着を待つ為め、行軍隊は縷々《るる》不規則の休止を行わざるを得ざるに至れり」

橇が深い雪に埋まり悪戦苦闘していた。輸送員は多量の汗をかき体力を消耗していった。

「十時半頃小峠山麓に達するや行李橇は到底四人を以て運搬する能わざるを以て、伊藤小隊を以て行李に助力せしめたり」

小峠山麓とは、現在ある県道を封鎖するゲート付近だろう。ここからの急峻な登りを約二〇〇メートル進むと小峠頂上となる。

伊藤元中尉は口演で、

「大行李の橇道がつかないので予定の半分も進まず、小峠に至った時には既に午前十一時になったので、橇の着するのを待って昼食にした」

と話している。また長谷川特務曹長は、

「大峠小峠の辺を通過する際はあの様な傾斜の甚しい場であるので、外に二名ずつの兵に応援させ……」（二月二十二日、東奥日報）

と話した。

十時の隊形は先頭から三小隊、一小隊、二小隊、四小隊、特別小隊、山口少佐と随行者、行李の順だった。橇の支援ができるのは一小隊である。二小隊はラッセルを終えたばかりで四小隊は十一時からラッセルとなるからだ。

「十一時半頃小峠山頂に達し行李の到着を待ち叉銃《さじゅう》午食す……約三十分休止の後再び行進を開始せり」

小峠到着は伊藤証言が十一時、顛末書が十一時半頃となっている。ここでまた、予行の検証で使った時速二キロを使って小峠到着を推定すると、十一時三十三分となる。

顛末書の説明では行李がいつ小峠に到着し、三十分の休止がいつから始まったのかわからない。それでは小峠の出発時間もわからない。大臣報告は、到着や出発時間を意図的に明記していなかった。それは予行の結果で、橇の使用は甚だしく困難ではないとしていたために、橇の大幅な遅れを数字として出したくなかったのだ。

正午頃昼食をしたと、倉石大尉の陳述書にある。そして二月八日の巌手日報に載った倉石大尉遭難談には「此日午後一時頃風雪烈しく頗る進行に困難せるが……」とある。これからすると、小峠出発は十二時半から十三時の間となる。

後藤伍長病床日記では十二時頃昼食、十三時頃出発となっていて、昼食から出発まで一時間あった。

橇は一列縦隊になって前進しているので行進長径が長くなる。先頭の橇が小峠に着いたとしても、一台当たり一〇メートル間隔があいていたら、最後尾までは一四〇メートル離れることになる。極端なことを言えば小峠に先頭の橇が到着したとしても、最後尾はまだ小峠山麓に到着していないかもしれないのだ。

後藤伍長病床日記の時間で考察すると、橇の先頭が十二時頃に小峠到着、続々と橇が到着する様子を見て部隊の主力は昼食とした。最後尾の橇が小峠に到着したのは十二時半頃で、それから約三十分休止させると、小峠出発は十三時となる。橇の行進長径を考えると、後藤伍長の証言が妥当なところではないか。そうなると最後尾の橇と部隊主力の時間差は約一時間となる。行程の中間付近で、橇は徒歩部隊から三十分以上遅れたばかりではない。途中、徒歩部隊は橇の遅れに対して何度も停止して待ち、さらには支援人員を出していたのだ。橇の使用は予行での説明と異なり、甚だしく困難な状況にあったのである。予行ではこの登りを体験していないし、雪はやや硬く新雪深雪でなかった。

昼食時の状況について伊藤証言では、

「昼食をとらんとしたが、その時既に御飯は凍うていた。私は従卒の弾薬盒の中に玉子を納れて貰って行ったので、出してみたらやはり凍うていた。氷を食するようであったが、捨てずに食べた」

とあり、小原証言では、

「研究のために中隊の曹長がおにぎりを袋に入れていったんですね。石のようになって全然歯が立たないんですね」

とある。後藤元二等卒は、

「ポケットに入れていた餅が石をかじるような感じであった……」（昭和二十九年八月十七日、東奥日報）

といっていた。いつもの雪中訓練と同じように食糧を携行したが、弁当のご飯も間食の餅も凍っていて、ほとんど食べることができなかったのである。状況は三十一聯隊も同じだった。間山日記から抜粋すると次のとおり。

「二十四日午前六時出発し戸来を指して前進す……午前十一時五分枯ノ澤に於いて昼食を喫し時に気温朝〇下拾度昼〇下拾参度夕〇下拾五度……を示すを以て飯は凍りて石の如く……」

山岳地おける気温の低さは隊員の予想を超えていた。加えて、この時期には北海道の旭川で日本最低気温を記録するほどの寒波が来襲していたのである。

自衛隊の八甲田冬季演習で、先輩隊員から携行食は服の中、それも体温が伝わるところに入れろと教えられた。早朝、ボイルされて配られたパックライスを防寒シャツと戦闘服の間に入れ、厳寒の八甲田山中を行進した。昼食時にはパックライスはすっかり冷たくなっていたが、ご飯はやわらかいままだった。

福島の調査研究に同じようなことが書かれている。

〈凡て食事は米食を以て尤《もっと》も可良とす、然れども寒国に於ては之を弁当にし、背嚢又は雑嚢等に入るる可らず、此の如くするときは零下六、七度の時に於ては氷りて、殆ど氷塊を歯むが如く少しも美味を覚えず、故に之を握飯にし懐中に温め置くべし、他の間食に於ても亦然り〉（高木勉『われ八甲田より生還す』）

雪中行軍の知恵は脈々と受け継がれていた。それはさておき、演習部隊が山中に入った頃の天候は、

「小峠あたりから風雪強くなりましたが、行軍していたためか寒気は左程身に沁みなかった。烟草《たばこ》を欲しいと思ってもマッチの火がつかなかった」

と、伊藤証言にある。また、倉石大尉の陳述にも、

「昼食す此時時々吹き来る風雪に逢う寒冷度を増し殆んど手套を脱する能わざる程なりし」

とある。青森市の気温は十時がマイナス四・七度、十四時がマイナス五・二度だった。標高差から小峠の気温はマイナス七〜九度と予想された。この頃はまだ視界がなくなるほどの吹雪ではなかったが、きっと指先が痛くなるほどの寒さだったに違いない。

兵卒は深雪のラッセル、または橇のけん引で疲労の色を濃くしていた。休止間は汗

でぬれた下着が体を冷やした。飯や餅は凍っていて食べられず腹を満たすことができなかった。弱った兵卒に吹雪が追い打ちをかけた。午後からは午前以上の力が出るはずもない。

『陸奥の吹雪』によると、小峠において気象の悪化から永井軍医より帰隊の意見具申があったとしている。

〈「これから益々雪も深く、風も強くなるであろう。現装備ではこの風雪に耐えられない。特に行李輸送隊と行動を共にしていては行動が鈍重になる。一応帰隊しては……」〉

大隊長は将校を集めて意見を聞いたがまとまらず、下士官の血気と「田代に行って温泉にでも入りゆっくりやろう」という安易な空気に、行軍続行の決心をしてしまった。

永井軍医は三大隊の所属である。三大隊は前年、孫内の坂を登れず村民の助力を受ける大失態を演じている。その行軍に永井軍医は参加し、橇が雪に埋まり全く進まない実態を見ているのだ。その経験から永井軍医がこのまま田代へ進むのは無理だと判断し、意見具申をした可能性は高い。

『陸奥の吹雪』はこれらの事柄を小原、村松両伍長の言によるとしていた。小原証言でそれに該当する証言は次のものしかない。

「それから吹雪が激しい……ともかくまあ吹雪でも目的地の田代温泉に、まあ一直線で行くという決心でですね行ったんですね」

村松元伍長の証言は『歩兵第五聯隊第二大隊雪中行軍遭難』（村松文門著）にあると思われたが、そのものを見たことがないのでわからない。これまでいろいろと探し求めたが見つけることはできなかった。

村松伍長の証言がないのは残念だが、後藤伍長の証言から成る新聞の第一報に、小原伍長と同じようなことが書かれている。

「夕方より大吹雪に変して益々困難を極めつつ尚お進行せしが、此時到底進行の難きを認め一行中には田茂木野へ帰えることを主張せしものありしも、此の時既に過半進行し来りしことにもあり今更ら退くも如何なりとのことより結局進軍に決定したれば、全軍遂に死を決して田代に向うに決したるなり」（一月二十九日、東奥日報）

この評定場所は、夕方ということからすると馬立場となる。

これらのことから、将校らのなかで演習を中止して帰隊しようという意見があったことは間違いない。最終的には統裁官山口少佐が判断すべきことで、山口少佐は引き続き田代に前進させたのだった。ここで疑問が生じるかもしれない。演習を中止する判断は、演習中隊長の神成大尉にあるのではないかと。山口少佐がいなければ、当然神成大尉の判断となる。だが、本演習では、神成大尉に演習を命じた山口少佐がすぐそばにいるのである。それに山口少佐は全般を統制する統裁官なのだ。したがって、神成大尉は演習中止の意見具申はできるが、命じる立場になかったのである。

このときの行動方針として、予定どおり田代新湯に前進、もしくは予定を中止して帰隊がある。また、馬立場では前進をやめて露営という方針もあった。帰隊や馬立場露営を選択していれば遭難は避けられたかもしれないが、帰隊は聯隊長の命令を達成できないので、ほぼ選択されない。また、馬立場露営はまず考えつかないだろうから行動方針には挙がらない。

結局、予定どおり田代新湯に前進する以外の行動方針はなかったのである。

ただ、方針の決定にあたり忘れられていることがある。というよりも考えられていないのだ。田代新湯を知る者は誰一人いないことを。田代新湯はまるで峠の茶屋のように著明で簡単に見つけられるとでも思っていたのだろう。だが、田代新湯は、渓谷のなかにあり、遠くから見通せるような場所にはなかったのである。

倉石大尉の陳述書にこうある。

「正午頃火打山（小峠ならん）にて昼食す」

昼食場所は小峠であり、火打山はそれより約二キロ先だった。陳述書の作成者は小峠だろうと括弧書きをしている。田代街道の青森側から最初の著名となる小峠を火打山と言っているのだから、その先の田代など彼らには未知の世界だったに違いない。

当初この演習を楽観していた将兵の士気は、著しく低下していた。吹雪で顔が痛く、予想以上に雪が深い。橇は埋まり進まない、腹は減って力が出ない。伊藤中尉は当時の様子を話した。

「出発の時から虫が知らすか、何うも兵が元気なく下を向いて歩いているから、私は常に声を大にして励ましましたが、効果なく無言のまま進むので甚だ淋しい行軍でした」

小峠でいったんは行李の行進長径がなくなったとしても、残り一一キロで、それまで以上に行進長径が長くなるのは目に見えていた。

見つけられなかった田代新湯

小峠からは、大峠〜火打山〜大滝平〜賽ノ河原〜按ノ木森〜中ノ森〜馬立場と約六・四キロ進んだ。

「再び行進を開始せり、雪量益多く加わり登降の傾斜急峻なりしを以て行李の行進最も困難を極め、其速度一時間に二吉羅米《キロメートル》に過ぎず。午後四時半頃、中隊は馬立場南方約三百米突の凹地に達するや行李の離隔甚だしく近きものは中ノ森、遠きものは未だ按ノ木森に達せず」

主力の馬立場到着は十六時半頃、小峠出発を十三時とすると三時間半かかったことになり、時速は約一・八キロだった。橇の速度は、近い橇が中ノ森とあるので、速くて時速一・六キロぐらいである。按ノ木森に達していない橇は主力のいる馬立場に到着するまで、少なくとも一時間はかかる。

馬立場南方約三〇〇メートルの凹地からは、馬立場の稜線が壁になって按ノ木森や中ノ森方向は見えない。橇の前進状況は、稜線に監視員でも配置していたのか。

行李が馬立場に到着したのは黄昏に近かったが、雪光と月明かりによって真っ暗ではなかったと顚末書にある。

二十三日の日の入は十六時四十二分、月出十六時七分、月齢十三・二で満月に近い。天気がよければ比較的明るい夜となり、顚末書どおり夜間行動も容易だった。

ここに平成十三年一月三十一日の八甲田演習でのメモがある。

「大滝平、十六時五十五分昼とあまり変わらず明るい、視界数キロ。十八時視界数一〇メートル、人、木、確認可」

この日の天候は晴れ、日の入十六時五十三分、月齢六・六だった。雪山は日が沈んでもしばらく明るいことがわかる。これが暗くなると、ブナなどの幹が人のように見えてくる。それはまるで雪のなかをさまよう兵士のように見えるのだった。

遭難当時の状況は全く違っていた。後藤伍長病床日記では、

「午前中は降雪少なかりしも夕景に従い降雪益々多きを加え飛雪粉々咫尺《ししゃく》を弁ぜず」

とあり、倉石陳述では、

「午後五時頃に至り天候甚敷悪しくなれり」

とある。八甲田は午後から断続的に吹雪となり、十七時頃からは猛吹雪となったのである。青森測候所の記録によると、二十三日の積雪は五・八センチ、二十四日は二一センチだった。八甲田はそれ以上の積雪となる。二十三日の積雪はほとんど夕方以降のものだろう。降雪が多いときの吹雪は、日中でさえ視界を鉛色の世界にする。

あるときの八甲田演習で、日中の天気が急変し、猛吹雪になったことがあった。約二メートル前の隊員の姿が全く見えない。約一メートル前にスキーのテールが見えたり見えなかったり。恐怖でそのテールを踏むようにして前進したことがあった。

三十一聯隊の間山伍長の日記に、一月二十七日の大中台付近での状況がある。

「咫尺弁ぜざれば五歩位遅るれば忽ち一行を見失う」

一歩の歩幅は七五センチ。深雪を歩いているので一歩五〇センチ弱とすれば、五歩は二メートルあまりとなる。

そのようなことから二十三日の十七時頃以降は、猛吹雪が月明りをさえぎり視界は相当悪かったはずである。

顚末書で橇が到着したのは黄昏に近かったとしているが、吹雪で日没も黄昏もよく分からなかったのではないか。それに黄昏という言葉も曖昧で、日没から暗くなるまでと時分を特定することは難しい。

按ノ木森に達していない橇が一時間で馬立場の主力の位置に到着したとすれば、その時間は十七時半頃となる。

顚末書が信用できないのは、結節時において橇（行李）の到着時間と主力の出発時間を明らかにしていないことにある。橇の遅滞を徹底して隠ぺいする理由は、橇の遅れが遭難事故を誘発したと五聯隊もわかっていたからだ。

伊藤元中尉は「午後三時ようやく今の銅像のある所までたどり着いた」といい、長谷川特務曹長は「中の森であったか桂森であったか通過する際は午後の二時頃で格別の吹雪でもなかったから、田代は恰度《ちょうど》向にはっきり見えて居った」（二月二十一日、東奥日報）といっている。馬立場到着が顚末書より一時間半から二時間半ほど早い。

小峠を十三時に出発したとすると、時速三・二〜六・四キロとなり、二人の証言は前進速度を考えると無理がある。

伊藤元中尉は橇の到着についてこう話している。

「馬立場の高地から遠く田代の遠景をみたが、橇が余り遅れたので大橋、鈴木両小隊をして援助せしめ、その到達した時はもう日が暮れかかっていたので……」

行李が馬立場に到着した頃、伊藤中尉は自分の小隊から設営隊を出した。おそらく神成大尉から事前に示されていたのだろう。

「田代へ藤本曹長以下十五名の設営隊を出し、宿舎の手配をなさしめたが、幾ばくもなく積雪深く進まれずとて引返して来た」

ところが顛末書では、演習部隊主力が馬立場に着いたときの十六時半頃に設営隊を出したとしている。

「鈴木大橋両小隊に命じ……行李運搬援助として派遣す同時に藤本曹長以下十五名(喇叭手一を含む)を設営隊として田代に向い出発せしめたり……藤本設営隊は路を失し……鳴沢に来り行軍隊の後尾に合せり」

顛末書と伊藤証言はくい違っている。設営隊が雪が深くて引き返したのと、路に迷って主力後尾に着いたのでは全く違う。考えられるのは雪が深くて戻ったとすると、報告上印象が悪いのでそうしたということなのだろう。

馬立場から東へ三キロ進むと田代新湯、その手前の鳴沢までは約〇・五キロだった。顚末書は鳴沢の状況を次のように書いている。

「傾斜頗る急峻にして一分の二以上に及び積雪深くして胸を没し一進一止其遅緩言うべからず」

沢には吹き付けられた雪が溜まり、周囲に比べると一段と積雪が多くなる。鳴沢に入った橇はそれまで以上の深雪に埋まり、兵士がいくら引いても動かない。

「行李橇は到底前進の見込なきより終に人背に依て運輸するの止むを得ざるに至れり」

顚末書は、ここで橇から人員による搬送に変更したようになっているが、実際は少し違っている。

事故後の三月六日、演習一日目の露営地（第一露営地）で四台の橇が見つかっている。また、第一露営地から前進した金堀沢でも橇が見つかっている。つまり、少なくとも五台の橇は鳴沢を越えていたのだ。鳴沢で大幅に遅れた橇は支援によってもほとんど進むことができず、どうしようもなく人員による搬送となり、橇は残置されたのだった。

ずっと気になっていたことに、演習中隊長神成大尉の動向がある。伊藤中尉の行進要領の意見具申以来、神成大尉の存在が感じられず、その指揮が見えない。

「当時中隊長神成大尉は進路を求め且設営隊を招致するの目的を以て先行せしかは……」

と、顚末書にある。なぜ演習中隊長が馬立場から先行したのか。この状況で指揮官が中隊から離れたのは適切な行動とはいえない。田代新湯への経路は神成大尉以外あてにならなかったという事情があったにせよ、見方によっては神成大尉が斥候に成り下がってしまったと捉えられかねない。やはり演習部隊の指揮は山口少佐が執っていて、神成大尉は名ばかりの中隊長となっていたようだ。

その後神成大尉は、二十四日未明に山口少佐から出発を命ぜられるまで、いっさい顚末書に出てこない。遭難の全責任は山口少佐としなければならなかった五聯隊にとって、演習中隊長の行動など眼中になかったのである。

目的地の田代新湯まで、あと二キロの位置まで前進した。辺りはすっかり暗く、しかも猛吹雪で田代新湯がどの方向にあるのか全くわからない。

「山口少佐は水野中尉田中今泉両見習士官をして田代方向に偵察せしめしに進路峻《しゅん》嶮《けん》にして通過すべかざることを報告す」

馬立場付近から前嶽方面を望む

ここに至り万策尽き、大隊長は現在地（馬立場東南一キロ）に露営することに決心した。

「命令　一月二十八日午後八時半頃　於鳴沢南方高地」、「一　混成中隊は此南側に於て露営せんとす…四　大橋小隊は直に兵卒十五名を派遣し輸送隊に助力し且此地点に誘導すべし」

出発当日を二十七日と誤り、その同じ日を今度は二十八日と間違っている。どうしたらそうなるのか不思議だった。あきれるのは、どうでもいい露営の命令下達時間が明記されていて、露営地到着時間はよくわからないままになっていることだ。

十七時半頃に馬立場を出発したとして、鳴沢までの約〇・五キロに二十分、鳴沢の下り登りに四十分、登りきった稜線上の標高六七一地点から露営地までの約〇・三キロに十分かかったとすると、露営地到着はだいたい十八時四十分となる。それから斥候を出したりして一時間あまり経つと、命令下達をしたとする二十時半となってしまう。

倉石大尉の陳述書にはこう書かれている。

「午後五時頃に至り天候甚敷悪しくなれり、字ナルサワに至り日没す、これより前方約二千米突の所に在る森林を以て露営地と定め一同無事露営す」

露営地は前方約二キロとしていたが、実際には鳴沢から約〇・七キロだった。それに鳴沢から露営地は、八甲田山から鳴沢に並行して駒込川に下る稜線で見えないはずである。

後藤伍長病床日記には、

「午後六時頃田代付近ならんと思う所にて山中露営せり」

とある。

顛末書、生存者の証言などを勘案すると、露営地到着時間は十八時を過ぎていたのは間違いない。露営準備は猛吹雪と暗闇のなかで行なわれたのだった。ただ行李は到着していないので、その本格的な準備は行李到着後となる。

その頃、神成大尉は先行し、必死になって田代新湯を探していた。神成大尉に田代街道の行軍経験があったとしても、街道から大きく外れた田代新湯に行くことはなかったはずである。駒込川の渓谷にあった田代新湯は雪に埋もれ、初めて訪れる者が道案内人なしで行けるような場所ではなかった。しかも日が暮れ、猛吹雪という最悪の状況下では、道案内人すら到達できなかっただろう。実際に三十一聯隊の嚮導（道案内人）は田代新湯を見つけることができなかった。

神成大尉があきらめて中隊に戻ったときには、自分に断りもなく露営を命じた山口少佐に多少の怒りはあっただろう。しかし、それ以上に田代新湯を探せなかったことに大きな責任を感じていたに違いない。

仮設敵のない単純な演習では、明るいうちに部隊を宿営地に到着させて露営準備をするものである。そうしなかったのは、田代新湯に行けば何とかなると考えていたからだ。

「なかなか見つからないんですよ田代温泉は……斥候出して方々探しましたけれど、とうとう見つかりませんでしたね」

と、小原元伍長は話している。演習部隊は誰一人として目標の田代新湯がどこにあるのかわからないまま前進していたのだから、当然見つけられるはずもなかった。夜になってどうすることもできなくなり、露営することになってしまったのである。

未熟な雪中露営

「露営地は粗散せる小樹林にして僅に風雪を遮蔽するに過ぎず各小隊は一団となり円匙二方匙八を以て小隊長以下約四十名を入るべき雪壕を掘開し其一部は燃料樹枝を採収せしめたり」

遭難始末の巻頭にあった事故当時の現場付近の写真を見ると、森がない。細い木がまばらにあるか、はげ山だった。小原元伍長は「吹雪を防ぐような木もない」と証言している。

明治四十五年の調査で、八甲田事業区の森林蓄積は他の地区に比べて低かった。岩淵功著『八甲田の変遷』にこう書かれている。

〈青森近郊の山々は度重なる伐採で蓄積も少なく、小径木の薪炭生産が主体な山になっているし……雪中行軍は、この調査の僅か一〇年前の出来事で、その進路に満足な森林がなかったことは、当時の写真でも明らかで……〉

田代一帯は、木を伐採し過ぎていたのだ。

演習部隊は円匙と方匙で雪を掘ったとしている。方匙とは小型のスコップで、背のうに縛着して携行した。方匙は各小隊で八本携行しているが、小隊を差し出したそれぞれの中隊には八十本の方匙があった。各小隊に四十名ほどの下士卒がいるのに、どうしたら八本だけの携行になるのか理解できない。八本の携帯シャベルで雪を掘る作業は、もしかすると円匙一本の作業量に及ばないのではと思われた。

雪壕の大きさは幅約二メートル、長さ五メートル、深さ二・五メートルとある。昭和五十三年の八甲田演習で掘った雪壕の大きさとあまり変わらない。およそ四十名の兵士は身動きができないほど密着した状態で立っていたに違いない。伊藤元中尉が一丈（約三メートル）掘っても地面に達しなかったと証言している。遭難始末によると、鳴沢付近の積雪は三・六メートルから五メートルほどあったらしい。演習部隊は地面まで掘ることなく途中でやめてしまう。

「掩《おお》うに屋蓋《おくがい》なく敷くに藁なく又樹枝なし樹枝は伐採することに努めしと雖《いえ》ども適宜の器具なく」

と顚末書にあるが、あれがないこれもないといった準備不足は計画を見れば明らかだった。露営に関する資器材は炊事に関するものを除くと、円匙、十字鍬及び燃料以外何も準備されていない。大隊には斧が八丁あったが、本演習では全く携行していないし、中隊には手斧十、折りたたみ鋸七あったがやはり携行していないようだ。円匙は大隊に四十八本あったのに、携行したのはたった十本である。

二大隊はこれまでどんな訓練をしてきたのかと首をかしげざるをえない。これは大隊長ばかりの責任ではない。各大隊の訓練を管理する立場にあった津川は、一体全体どういう指導をしてきたのだろう。おそらく大隊長任せだったに違いない。そうでなければ、前年の三大隊の失態と同じようなことが繰り返されるはずはないのだ。

円匙が少ないので、小隊が入る雪壕を掘る作業は二時間ぐらいかかったのではないかと思われる。その間作業をしていない将兵は、厳寒と猛吹雪にじっと堪えているしかなかった。

二十一時頃までに、橇と荷物を背負った兵卒が露営地に到着した。露営地は馬立場からわずか一キロほどだったが、行李（橇）は三時間半以上かかっている。暗闇、猛吹雪、深雪に埋まった橇で輸送員は本当に疲れ果ててしまっていた。

木炭が配られ、各壕では暖をとろうと雪の上で炭を起こした。

「各小隊は六貫匁の炭一俵及び杉葉の焚付の支給を受け火を起したが、起り次第雪が融け穴となり六尺余りの井形のものとなった。火が沈んだので暖をとることができず、只火を見ているに過ぎなかった」

と、伊藤元中尉が証言する。

雪上でじかに炭を起こすなど、普通に考えたらダメなことはわかっていたはずである。寒さと疲労がそうさせてしまったのかもしれないが、あまりにも未熟だった。

青森測候所の記録によると十八時の気温はマイナス八・三度、風速最大五・八メートルだった。露営地の気温は、標高差から推定するとマイナス十一度〜十四度、風も強かったので体感温度はさらに低くなる。

伊藤元中尉は炊さんの研究を担当していたので、その作業も見ていた。

「一方炊事掛等は炊事場の設備に着手し、積雪を掘開すること八尺に及ぶも地面に達せず、因て余儀なく雪を固めて釜を据付け、薪炭の発焼に尠《すく》なからざる時間を費やし、更にとぎ水と飯たき水は雪を融して作らざるを得なかった。然るに燃火は徐々に積雪を融解し、炊釜の偏傾を来す等この間炊事掛の苦心惨胆実に想像外であった。而して午前一時ころに至り飯盒に半煮の飯一杯を分配された……酒は炊釜で温めて分配したが異臭を帯びて好酒家でも飲まれなかった」

小原元伍長は、「生米みたいなご飯を食べさせられた」と言っていた。

雪中露営で重要な採暖と食事がとれなかったのは、地面を出さなかったからだ。及川一等卒の手紙に「明日行く山野は積雪一丈二三尺位」とあった。つまり二大隊は田代の積雪が四メートル近くあることを事前にわかっていながら、雪を掘るのを途中でやめてしまったのだ。訓練ができていないのは明らかだった。もしかすると二大隊は今回のような大きい雪壕を掘ったことがないのではないか。訓練をしていれば地面まで雪壕を掘っただろうし、携行する円匙を増やしただろう。二大隊の露営はあまりにもお粗末だった。

第五章　彷徨する雪中行軍

迷走する山口少佐

未明、演習部隊は急に出発することになる。伊藤元中尉はそのときの様子をこう話す。

「夜中になってから急に温度が低下して来たので、山口大隊長は各中隊長及び軍医を集め……口達した」

吹雪と寒さに耐えられなくなったのか、山口少佐は突然と行動を起こしたのだった。

小原元伍長はそのときの様子をこう話した。

「朝の二時頃に幹部が重要会議を開いたんですね、どうするかと。いくら遅くとも田代温泉に到着して、そうすればまあ兵隊も休まるだろうという一つの論ですね。もう一つの主張は、どうせもう見つからんと、いくらやっても疲労を増やすだけだから、ここに露営して翌日隊に帰ろうと、この二つを論じ合ったんですね。それで第二の論をとったわけなんですね。それがそもそも遭難の始まりなんですな」

顚末書に書かれている山口少佐の判断はこうだった。

「一　行軍隊は田代一泊の予定なりしも情況之れを許さず遂に此地に露営せり、然るに此露営は予め期したるものなるを以て行軍の目的は譬《たと》え田代に至らざるも概ね達成したり」、「一　露営地より田代に至るには駒込川の支流あり且積雪断崖をなし行進頗る遅緩するは昨日に徴して明らかなり、大隊若し今より田代に向て出発せば本日帰営するは益々困難なるべし」、「一　田代に至るも果たして二百余名に充つる糧食あるや否や甚だ疑わし」、「一　昨夜一般に休養特に睡眠不十分なり加之《しかのみならず》天候漸漸《ぜんぜん》不良となり寒気甚し此侭《このまま》袖手《しゅうしゅ》空しく天命を待つは凍傷を起すの患あり」、「一　本日の天候は昨日に比し風雪寒冷共に甚しきも決して運動し能わざる程度に非ず」、「一　払暁前熟地を出発するは日暮れ夜行するに優れり」と。

どうしたらこれほどいい加減な文章を並べられるのか。予期のとおり露営したとはよく言えたものだ。実質的に露営準備が始まったのは、行李が到着した二十一時過ぎ。顚末書に炭を起こすのに一時間余り費やしたとあり、採暖可能になったのが二十二時過ぎ。生煮えの米が配られたのは一時半。大隊長が帰営を決心し、神成大尉が命令を下達した時間も一時半。約五時間の混乱は、予期のとおりの露営からはほど遠く、何一つ満足にできていない有様である。

田代に向かったら今日中に帰るのは困難としているが、田代新湯がどこにあるのかさえわかっていない。

「払暁前熟地を出発するは……」とあるが、田代新湯を見つけることさえできず、最低二年間はこの付近で訓練していない五聯隊が、どうしたら熟地といえるのか。ねつ造にも程がある。山口少佐がこんなデタラメを言えるはずもない。

大隊長の判断により五時出発が即時出発に改められ、神成大尉が行進命令を下達する。

「一　中隊は午前二時半露営地出発帰営の途に就く　二　各小隊は今より其準備をなし特に手足防寒に注意すべし　三　行進は伊藤、鈴木小隊、行李、大橋、水野小隊の次に特別小隊の順とす　四　各中隊特務曹長は其隊炊事当番及び行李運搬手を取締り炊具の員数を調査し行進中はこれを監視すべし、但し鳴澤北方までは各人背負うを便とす」

命令受領後、各小隊長は雪壕に戻って前進準備を命じた。大変なのは炊事掛軍曹である。暗いなか、糧食、炊事用具等の員数を確認し、輸送員に配分しなければならない。そこで編成外の特務曹長四名に原中隊の輸送員を掌握させた。輸送員は宿営地にあった橇に携行品を載せ、橇に載らなかった物品はわら縄を使って背負った。

この日以降、かんじき隊は編成されなかった。胸まで埋まるような積雪にかんじきは邪魔なだけだった。

小原証言で、将校のいい加減な判断が露わになる。

「まだ暗かったけれども、気温でもう早く聯隊に帰りたいもんですから……聯隊の方向がわからないんですな、幹部の方も見当がつかないってんだ、兵隊の方は自分でお前はどっちの方だ、いろいろな質問だけれども、どうもわからんわけなんです。それでとにかく前日来た方向を、らしいと思う方向に向かって全軍出発したわけなんですよ」

また、こうも話している。

「吹雪で方角がさっぱりわからなくなったとき、山口大隊長はみんなに『聯隊はどの方向と思うか』と問うのですが、答えはばらばらで何の役にも立ちません」

誰もこの地を知らず、帰る方向すらわからないのだから遭難は必然だった。

伊藤証言も、演習部隊の出発が完全に間違っていたことを伝える。

「私は先頭に立ち、前日往路の足跡を踏みながら進んだが、前日来の大吹雪のため足跡消え一向判らず、案内の神成大尉を先頭に立って貰ったが、矢張り判らず、吹雪は益々猛烈にして四面暗澹、咫尺を弁せず」

暗闇と猛吹雪のなか、帰る方向もわからないまま部隊を動かしたのは致命的だった。山口少佐は、山で一番やってはならないことを命じてしまったのである。

「右すれば高山に突き当り、左すれば深谷に落ち込むという有様で如何ともすることができず、依って私と神成大尉と相談して、この状況では到底前進するも益ない故、昨夜の露営地に引き返し、天候の回復するのを待ち出発せんと決し、回れ右前へ号令を下し退却せしめた」

神成大尉と伊藤中尉が適切な判断をして、露営地に戻ろうとしたが生かされることはなかった。山口少佐はまた過ちを犯したのである。隊員の「田代の道を知っている」という言葉に乗ってしまったのだ。伊藤証言は続く。

「それで私は最後尾になり、神成大尉は先頭に行った。而して前夜の露営地に行っても止まらず、之を右に見つつ行進を続行する。私は何故に停止せざるや一向判らず後尾より続行したが、唯不審に堪えないのは露営地附近よりポツポツ糧米叺《かます》及び釜等が棄てられつつある……何うしたことであろうと後で聞いてみると、山口大隊長は佐藤特務曹長が田代の道を知っていると話したのを軽率に信用し、この雪中行軍の指揮官たる神成大尉に相談せず『然らば案内せよ』と命じて、暗夜田代に向け行進したが、進路を誤り、駒込川の本流に迷い込み一歩も進むことができなくなったのである」

この日に前進した経路を、聯隊の諸記録と伊藤証言から考察すると、まず北西に進み鳴沢の北側にぶつかり宿営地に引き返したが、宿営地目前で北に向かい駒込川に出た。そこから川沿いを下って金堀沢、鳴沢と左回りに進み、さらに鳴沢沿いに沢を登

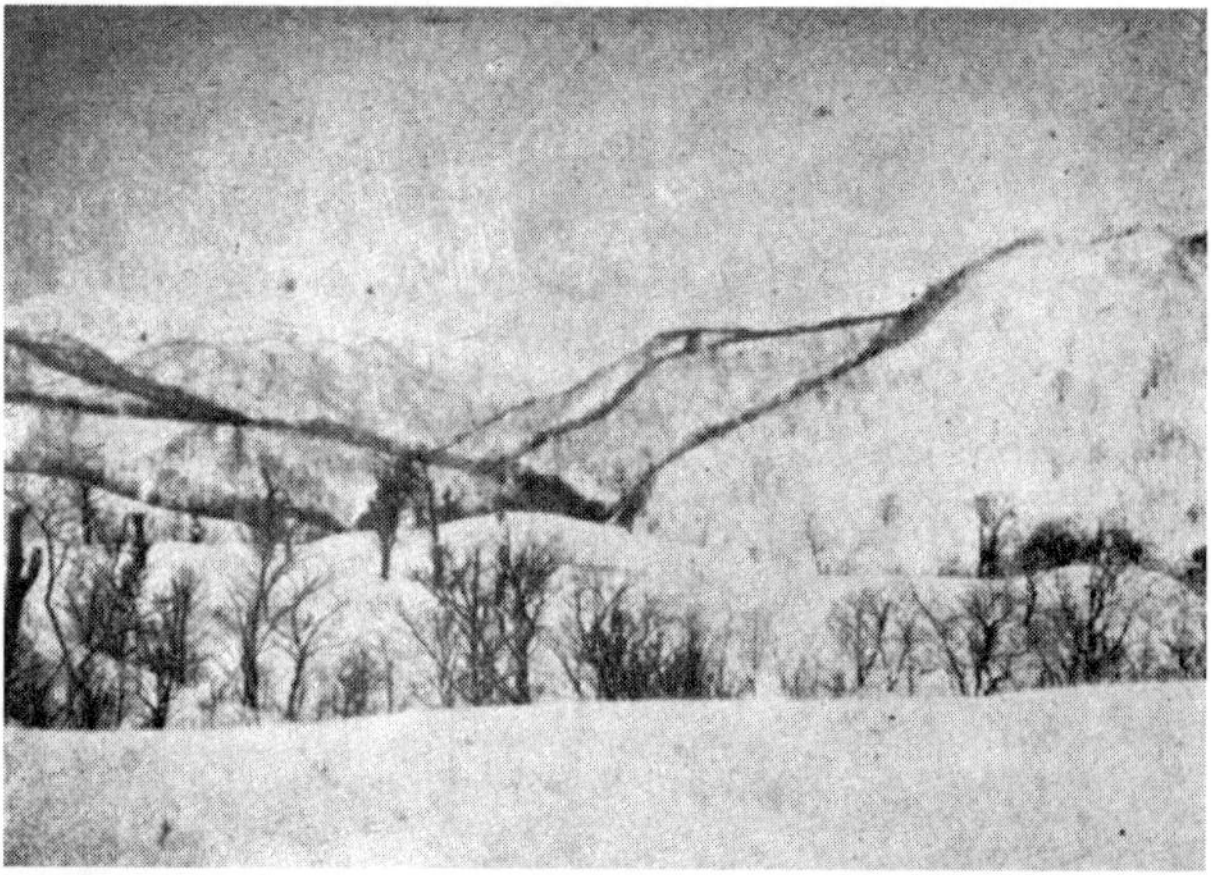

田代付近から北西に八甲田連峰（左後方）を望む。冬季は荒れることが多いが、このときはたまたま視界があった。中央付近の谷は駒込川。

り、最後は鳴沢の源に近い場所で停止となる。ここがいわゆる第二露営だった。この間、駒込川沿いの崖を登り、鳴沢の急な谷を登って来たのだ。

もしかしたら佐藤特務曹長は、田代の温泉を少しは知っていたのかもしれない。駒込川の本流にぶつかったのだから、あとは川沿いを約一キロ上流に進めば田代元湯、さらに〇・五キロ進めば田代新湯だった。だが、演習部隊は上流へ進まず、逆に下流に進んでしまったのである。やはり二大隊に、田代元湯と田代新湯を知る者は誰ひとりいなかったのである。

隊員の士気は極端に低下していた。寒さと飢え、昨日来の疲労でかろうじて歩いている。橇を引いたり、行李を背負ったりする力はなく、荷物は放棄された。そうしないと動けなくなりそのまま斃れてしまうのだった。金堀沢からは篝台《かがりだい》、釜ぶた、精米一俵等が捜索隊によって回収されている。

田代に行かず帰営するとした山口少佐の決心は、隊員の言葉一つで覆ってしまった。指揮官の判断が兵士の生死を左右するといわれるが、まさにこのことだった。山口少佐は適切な状況判断ができなかったのである。とにかくこの寒さから逃れたかったに違いない。

伊藤元中尉は行軍状況を話す。

「空腹と寒気と吹雪で引き返す途中既に歩けぬもの、斃れるもの続出で、最後にいる私等が介抱し切れなくなり、前の小隊の応援を頼んだが一人も来なかった。私は最後にいたから、この間の消息を知っていて到底このまま前進することは凍傷及び死亡者が多数出ると思い、倉石大尉と相談して、山口少佐にこの状況を報告せんと伝令を出したが一向通じない。二回三回出したが、通じないから私自身行くことにした」

伊藤中尉は士官学校も出ていないたたき上げだった。族籍は平民だったが、士族の山口少佐へも物おじせず意見を述べた。

「先頭の山口少佐に会い、具《つぶ》さに凍傷及び斃れるものの続出することを申述べ、このまま継続する場合は死者が出るから、再度露営することを提言したが聞かなかった。実は山口大隊長はその時、寒さのため頭脳の明瞭を欠いていたようであった。涙をのんで行軍を続けたが、風雪益々ひどくなる」

この頃の状況が顚末書にも書かれている。わかりやすくするとこうなる。

山口少佐は兵が斃れているのはわかっていたが、停止しても風雪防ぐ方法なく、退こうとしても再び経路を啓開する体力はない。むしろ前進して凹地を探すのが最もよいと判断して血涙を飲んで前進を継続したと。

それは顚末書の作文であって詭弁に過ぎない。部隊が歩いた経路は、深い沢や小さい沢が複雑に絡み合った地形にあったので凹地はその気になればどこにでもあった。それがただ帰りたい一心で、あてもなく歩き続けたのである。

死の行軍

演習部隊は軍隊の体をなしていなかった。戦争はいざ知らず、訓練において死者が出ていたのに前進を続けているのだ。伊藤元中尉が具申したように、将校が適切に対応していれば死者の続出を防げたはずだ。

それにしても、演習中隊長の神成大尉は一体何をしているのか。

神成大尉は、伊藤中尉の意見具申を大隊長のそばで聞いていたはずなのに、何ら動いていない。演習中隊に死者が出ているのだから、まず部隊を止めて状況を掌握するのが最優先なはずだ。だが、神成大尉は判断力を失った山口少佐に何も言わず、ただ従っていたのである。

神成大尉が山口少佐に卑屈に服従するのは族籍が平民だからなのか、それとも士官学校を出ていないからなのか。だが、平民で士官学校も出ていない伊藤中尉は意見具申をしている。神成大尉は、伊藤中尉に比べ年が若く昇任も早い。下士上がりではエリートなのだ。エリートは上司の評価を気にし過ぎるとともに、上司への意見を控えるきらいがある。それに部隊が窮地に陥ったのは、山口少佐の状況判断や命令が原因だった。そんなこともあってか、神成大尉は山口少佐に逆らわずにいたのかもしれない。

「落伍者が出る、かくするうちに水野子爵の子息水野少尉が歩行困難となってきたので、私が側へ行って何うしたかと問うてみたが、何も云わずにそのまま斃れた。水野少尉は平生、休日を利用し登山などして身体を鍛錬していたのが、将校中で一番早く死亡したので、山口少佐も驚いて鳴沢西南の窪地に露営することにした」

水野中尉が斃れるまでに、少なくとも十人ぐらいの兵卒が斃れ、置き去りにされていた。伊藤中尉の意見具申も聞き入れなかった山口少佐だったが、華族水野中尉の死亡はさすがに効いたようだ。

「水野中尉が斃れたということが伝わったわけなんですね、いやはやびっくりしましたね、

まさか死んだとは思いませんでしたから……雪が多いんですから一列になって行くんですね、人伝いにやるわけなんです。軍医は看護長に命ずる、看護長は今度看護手に命ずる。時間がかかりますから、助かることがなかなか難しいんですね。そしてそういう悲報が伝わったために行軍に士気阻喪《そそう》の状態になってきたんですな。それでど

うにもなりませんから、死んだ者はそこに置いて前進したわけなんです」

と、小原元伍長は話した。

阿部一等卒は隊員の異変を証言する。

「行軍して二日目ごろから精神的に異状をきたすものが出ていた……わけのわからない叫びをはりあげて、雪中ヤブのなかに突進するものがいた。とたんに身体がスポッとはまって見えなくなる。手をあげて助けを求めると、雪が頭に落ちて完全に埋まってしまった。それでも、助けようというものはなかった」

二大隊の隊員がどんな状況にあったのか、わかりやすい事例がある。

平成二十一（二〇〇九）年七月、北海道で山岳遭難事故が発生した。いわゆるトムラウシ山遭難事故である。悪天候とはいえ夏山シーズンにおいて、ツアーガイドを含む登山者九名が低体温症によって死亡するという痛ましい事故だった。

その生存者の証言から遭難当時のツアー客らの状態を拾ってみると、「奇声を発していた」、「意味不明の言葉をしゃべり出した」、「何も反応がなかった」、「平らな場所でもしゃがみ込んで立ち上がれない」、「まっすぐ歩けない」などとある。亡くなった人は歩行不能、意識不明となっていた。低体温症が重くなると、錯乱状態になり歩行が困難になる。さらに悪化すると意識を失い心臓が停止するという。

演習部隊も奇声を発する者、動けなくなる者が出ていた。つまり演習部隊は低体温症に陥っていたのである。山口少佐も低体温症で状況判断ができなくなっていたのだ。演習部隊はすでに普通に行動ができる状態になかったのである。

長谷川特務曹長は、二十四日の寒さについて次のとおり話している。

「吹雪の甚しいばかりではない、其れよりも寒気の方は更に厳しいのである、防寒用の外套は凍て板の如く堅く続いて服も凍え只だ僅かに肌衣は皮膚に附着して居るので皮膚の温暖の為め裏の方は多少暖みはあるが、其の表の方は水気を帯んで居ると云う有様だ、それで苟《いやし》くも水気を含んで居るものは一として凍結せぬものはない、手袋の如き既に凍結して用をなさない、一度之を脱すれば再び箝《は》めることは出来なくなる」

(二月二十二日、東奥日報)

この日青森測候所の記録では六時マイナス九・八度、十時マイナス十・六度、十四時マイナス十二・八度、十八時マイナス十二・二度とこの冬一番の寒さだった。標高七〇〇地点の第二露営地辺りは、マイナス十六度から十九度だったものと推測された。ちなみに翌二十五日は、旭川で日本観測史上最低気温のマイナス四十一度を記録している。

伊藤元中尉は、二十四日の犠牲についてこう話している。

「この日の行軍は寒気のため斃れるもの多く、実に総員の四分の一を失い、就中《なかんづく》大行李の運搬に耐えかねて卸し、或いは行李とともに倒れたもの多く、隊に随ったものが五、六名に過ぎなかった」

顚末書と遭難始末も総員の四分の一を失ったと書いている。四分の一となると約五十名である。だが、遭難始末の「遭難地之図」を確認してみると、その日の経路上にあった遺体は二十名ぐらいである。どうしてそんなに差が出たのか。

倒れたり遅れたりした者が、必死で部隊を追ったのだろう。

それにしても、やはり体力を一番消耗した橇の輸送員が先に斃れたのだった。

倉石大尉はその日の状況についてトンチンカンなことを言っている。地形がわからない場所で迷っているのだから仕方がないのだが。

「行路を失い終日雪山脈を昇降徘徊して午後五時過ぎに磧河原の北方約四千米突の凹地に於て露営せり。想像するに此日の露営地は二十三日露営地の西北方約三千米突の地にして……」

磧河原は正しくは賽ノ河原で現在地から二キロ北西だった。そこから四キロ北となると駒込川を徒渉して八甲田山とは別の山に入ってしまう。また、第二露営地は第一露営地（二十三日の露営地）から南西にたった〇・七キロしか離れていなかった。倉石大尉の行程に関する証言はほとんどあてにならなかった。

現在、県道四十号線沿いには「後藤伍長発見の地」、「中の森第三露営地」等の案内表示がある。あるとき、遭難始末の「遭難地之図」と現在の地図を見比べたら、案内表示「第二露営地」と当時の第二露営地が一致していないことに気づいた。鳴沢は前嶽を源にした沢で、その北側斜面中腹から下る二つの沢が県道四十号線付近で合流している。「遭難地之図」を見ると二本ある沢のうち、東側の沢にマル表示があり、第二露営地と記載されていた。だが、今ある案内表示は西側の沢にあった。距離にしてわずか一〇〇メートルの違いなのだが、その間には山稜があるので別々の沢である。現地で確認してみると、やはり第二露営地は東側の沢に間違いなかった。

二日目の露営状況について小原元伍長がこう言っている。

「二日目の晩が一カ所に集まりましてね……雪の中でじっとしていると死にますからね、そりゃどうしても体動かさなきゃならんです。足踏みしているんですね。それで疲れて倒れればそれっきりですね。本当に、雪の中で死ぬということはもう簡単なものですな……段々ばたばた倒れてくる。どうにもしょうがないですな。介護するわけにもなく、軍医が行ったってもう手が凍って、もう軍医だって処理できないですもんね」

将兵の死者は、この第二露営地に集中していた。食糧も燃料もなく、ただただ寒さに耐えているだけで、とても軍隊の露営といえるものではなかった。どうしても悔やまれるのは、第一露営地で地面まで穴を掘って採暖し、食事をとってじっとしていればということだった。

顚末書は、二十二時頃に山口少佐が帰営の命令を下達したとしている。簡単にすると次のような内容である。

一、明日田代に向かって前進しても既に方向を誤っているので田代を探すのは難しくかつ食糧の有無も不明。

二、帰路に迷ったがおそらくここは鳴沢道路の西方一〇〇〇メートル。よって東方に進んでみてもし誤っていたら再度方向確認をすればいい。

三、田茂木野方向に前進すれば救援隊の救助を受ける可能性がある。もしかしたら木こりや狩人等に出会えるかもしれない。

四、夜暗出発するのは危険なので天明をまって出発する。

それを受けて神成大尉は各小隊長に次のような命令を下達した。

一、中隊は明日払暁を待って帰営する。

二、前進順序は特別小隊、伊藤小隊、鈴木小隊、大橋小隊、今井小隊とする。

三、各小隊よりこの付近の地形を認識するものを選抜し、直ちに自分の許に差し出せ。
四、出発時間は別に示す。

倉石大尉がトンチンカンなことを言っていたように、演習部隊は地形がわからず、こっちだろうという方向に進んでいるだけだった。そんな部隊が現在地を知るはずもない。「鳴沢道路西方一〇〇〇メートル」と言えるはずもなく、そもそも鳴沢道路とはどこなのかわからない。また、田代は青森市街地の南東にあるので帰路は北西に進まなければならず、どう考えても東に進むことはありえないのだ。さらに、命令の「この付近の地形を認識するものを選抜し……」は、田代を知る者など一人もいないのだから、そんな命令を出すはずもない。

伊藤証言にこうある。

「各小隊長協議の結果、田茂木野方面に進行したらば救援隊に会うか又樵夫、狩人に会う機会あらんと鳴沢渓谷を下り露営地を発することとした」

やはり大隊長の命令は五聯隊の作文だったのである。作文をしているその将校らも地形や地名がわかっていないのだから、何を書いているのかさっぱりわからないものとなるのだった。

パニックと脱走

旭川で氷点下四十一度の日本最低気温を記録したこの日（二十五日）の寒さは、将兵を容赦なく苦しめた。

出発時の状況を顚末書はこう書いている。

「午前三時頃（当時天僅かに霽《は》れ稍《やや》皎明となりしを以て一同払暁なりと誤解せしものの如し）神成大尉は各小隊を呼集して人員を検せしに……行軍隊は一列側面を以て鳴澤渓谷を下れり……」

これはほとんどデタラメである。払暁出発が未明の三時出発となった経緯を、小原元伍長はこう証言している。

「朝、兵隊の方では『早く行進おこしてくれ』っていうし、大隊長は『待て』っていうんですよ。加えることに『行軍するとますます道に迷うから、夜が明けて明るくなってから出発せッ』と言ったんですよ。兵隊の方は『何このとおりでもう凍えて死んでしまいますから、もっと早くその露営地を出発させてくれ』とこう言ったんです。大隊長もとうとう兵隊の望む意見にですね、涙をのんで出発を命じたわけです」

山口少佐は多数の死者を出して、ようやく暗いなか方角もわからずに出発することの愚かさを知ったらしい。だがその教訓はすぐに兵士の泣き言に流されてしまう。山口少佐には強固な意志が欠けていた。そして、愚行はまた繰り返されたのである。

後藤伍長病床日記にこう書かれている。

「翌二十五日午前二時頃露営地出発、方向変換帰営の途に上る（此日晴曇交々《こもごも》至り且つ降雪す）而して不幸にして再び道を迷い漸次山頂に向い上りつつあるを発見し到底目的地に達する能わざるを思い、直に引き返して前夜（二十四日）の露営地に帰来各自の背嚢を集めて火を点し暖を取れり」

倉石陳述書も同じである。

「午前三時頃露営地を出発して帰路に向いたり、本日の天候前日と異ならず行くこと約千米突行進路の方向を誤れるを発見し転回して二十四日の露営地に向い帰還せり」

二人の証言は前進方向を誤り反転して露営地に戻ったとしていたが、顚末書では一度鳴沢を下り北方向に向かった後、転回して前嶽に登ったようになっている。

いずれにせよ、演習部隊は田茂木野とは逆方向の前嶽を登っていたのだ。神成大尉は部隊の先頭付近で前進を指揮していたが、経路の誤りを指摘され部隊は反転することになる。このとき、ついに神成大尉の溜まりに溜まった怒りが爆発してしまった。山口少佐の演習中隊長を無視した越権行為、山口少佐の誤った状況判断による演習部隊の窮地、多数の死者、厳しい寒さと止まない吹雪、帰路がわからない苛立ちなどからであろう。

引き金は倉石大尉である。山形出身の士族で士官学校出の倉石大尉は神成大尉より四歳若い二十九歳だった。

「午前三時、斃れたる興津中隊長を携え暗を犯し前進せり。此時余（倉石大尉）は青森街道と約千メートルばかり異なるを発見せしかば廻れ右の号令をなし行路を転じたるも悲しむべし凍傷に斃るる兵士多く、三十名ばかりは屏風を倒しが如く大乱れに乱れたり」（二月八日、巌手日報）

編成外で指揮官でもない倉石大尉は、演習中隊長である神成大尉のそばにいながら「回れ右前へ」の号令をかけたのである。明らかな越権行為だった。進路が間違っていたのであれば、神成大尉に誤りを知らせればいいだけなのだ。それを平然と号令がかけられるのだから、山口少佐と同じように指揮官の神成大尉を軽んじていたのは間違いない。

やはり根底には身分を差別する族籍問題があったのである。士族の倉石からすれば、平民の神成大尉は目下にしか見えなかったのだろう。そうでなければ安易に越権行為などできるものではない。

神成大尉は、同じ階級でしかも歳下の倉石に我慢できなかったに違いない。衝撃的なそのときの状況を先頭付近にいた小原元伍長が話す。

「そのときあの神成大尉は……八甲田に登ったんですね……ますます吹雪が激しいために、神成大尉が怒ってしまったんですね。『これはだめだ、これは天が我ら軍隊の試練のために死ねというのが天の命令である、みんな露営地に戻って枕を並べて死のう』とこういうわけなんでしょう。それでみんな士気阻喪したんですよ。帰るときはあっちでバタリ、こっちでバタリ、もう足の踏み場もないほど倒れたんです。……帰って朝明るくなってから夜も明けてから調べたところが二一〇人のうちわずか六十人……八甲田山に登って帰るとき、猛吹雪のため神成大尉も落胆しているような……精神的なんですね、あっちでコロリこっちで倒れる、悲惨なものですな。自分の目の前でみんなかたまってバタバタ倒れたり、それが見えるんですからね。今度私か、今度私かと思いますね」

神成大尉の悲愴に満ちた怒号は、隊員の士気を著しく低下させ、今まで耐えていた隊員の気力を一気に失わせてしまった。神成大尉は、指揮官として言ってはならないことを言ってしまったのである。

ちなみに、神成大尉が発したこの怒号内容は、小原さんの証言として最初のものとなる。

遭難六十周年記念行事に参加した阿部元一等卒も証言している。

「行軍三日目、鳴沢の高地を下って神成大尉が点呼したら、二百十名のうち六十人ぐらいしかいなかった。大尉はみんなを集め『天はわれわれを助けないつもりらしい。六十人のうち丈夫な人は弱い人を助けながら歩いてほしい』と命令して、自ら銃剣を抜いて前に立って歩いた。わたしたちは……二、三歩いっては休むという状況で、そのうちにもバタバタ倒れてゆく。だれも助けるものがない。人のことをかもう余裕がなかったのだ。寒いので、みんなで背のうを燃やした。いっしょに暖をとることをせずに、勝手に火を奪いあった」

鳴沢の高地を下った後、つまり怒号から少し経ってからなので、神成大尉の感情も落ち着いていて怒りも感じられない。だが、神成大尉についていく者はいなかった。背のうを燃やし火を奪い合っていたのだ。軍の骨幹をなす団結、規律、士気は完全に崩壊し、人心は神成大尉から離れてしまったのである。

一月二十五日の状況を知るうえで、後藤伍長の証言は重要である。

二十七日に救出された後藤伍長が田茂木野の民家で語った内容は次のとおり。

「二十五日午後二時頃再び田茂木野方向を指して出発せり……神成大尉の如きは大呼

して曰く兵卒を殺して独り将校のみ助かる筈なしとて衆を励まして進めり斯くする中に各兵皆散乱して思い思いに方向を定めて進行し……」

この二月二日の巖手毎日新聞に載った記事は、後藤伍長を救出した捜索隊某氏の親書によるものとしている。内容からすると、後藤伍長のそばにずっといた下士以上の軍人であると推定された。先の病床日記を見るとわかるが、午後二時頃とあるのは午前二時頃の誤りであろう。

二十八日十七時頃、後藤伍長は五聯隊に隣接した衛戍病院に収容された。そこで記録された病床日記の二十五日にはこんなことが書かれている。

「而して此日正午頃まで各兵の帰来たらず……茲《ここ》に集合せしものは約六十人許なり、於是《ここにおいて》斥候兵を出し……初め行軍途中遺棄せし橇を見付けたる報を得……六十有余人のもの勇を鼓して帰営の途に上る、于時《ときに》同日午後一時頃なりき……。

於是乎《か》、人心恟々《きょうきょう》且つ喧囂《けんこう》たり、多くは此の時任意前進、人心分離して四分五列の状を呈し一所に集合せざりき。

本患者も前進者の一人にして深更力尽き睡眠を催せり」

この病床日記は、後藤伍長の証言に基づいて書かれている。

先の某氏の親書と病床日記は、演習部隊に起こった重大な事件を知らせる。二大隊はパニックを起こし、てんでんバラバラになってしまったのだ。発端はやはり神成大尉の悲愴な怒号に違いない。隊員は死の恐怖に恐れ、騒ぎ、秩序なく乱れてしまったのだ。まさにこのとき二大隊は空中分解してしまったのである。軍医は日誌に後藤伍長も任意前進したその一人と書いた。

パニックが起きたとはいえ、軍隊からの逃亡は脱走である。戦場ならば敵前逃亡の重罪である。さりとて山口少佐以下の将校は、斃れた者や歩けなくなった者を見捨ててきたのだから仕方がないことなのだろう。

この頃、顛末書には「田中見習士官、長谷川特務曹長等十数名行方不明となれり」とある。

阿部証言にあったように、点呼は宿営地あたりで行なわれている。その際、斃れた者、動けない者は報告されている。この場合の行方不明者とはどこに行ったのかわからないと確認された隊員である。そうなると十数名の行方不明者は、後藤伍長闘病日誌にあった「此日正午頃まで各兵帰来たらず」の任意前進者だったということになる。

この離脱者については表だって問題になっていない。陸軍はこの件に関して不問としたようだ。遭難事故をこれ以上面倒にしたくなかったに違いない。

二十九日の東奥日報に遭難の第一報が載った。二大隊の遭難状況はもちろん後藤伍長の証言によるものだが、大本営発表であり五聯隊の作文も多少は入っている。二十五日の状況を抜粋すると次のとおり。

「翌二十五日暁降雪又盛んなりしが再び行軍を始めて……再び前露営地に引き戻ることとなりしが、この時山口大隊長は全身凍えて動くあたわず人事不省となり……前露営地に連れ行きしがこの時大隊長も遂に絶命するに至りしぞ悲惨なる、かくて二十五日の夜はまたもや同所に露営するに決せしが……倉石大尉のごときは独り奮然として挺身田代の方向を指し進みしまま、その影だも見えず」

大隊長は救出され衛戍病院で死亡し、倉石大尉は田代へ行っていない。要するに後藤伍長は部隊から離脱していたので、大隊長が回復していたことや倉石大尉の動向など知らなかったのである。

ちなみに後藤伍長は、八中隊所属で、中隊長は倉石大尉だった。

大臣報告に後藤伍長の口述があった。肝心なことは書かれていないこの口述は、後藤伍長が衛戍病院に入院した二十八日から二十九日までの間で聞き取られたものだろう。二十五日の状況を抜粋すると次のとおり。

「午前二時露営地を出発……路を失せるを以て後戻りをなし前夜の露営地に来たれり……背嚢を焚きて一時の暖をとり勇を鼓して行進を起し幸いにして第一日の道路上に

出でたり、大隊は士気大に励し行進を勉むるも……日已に没せり為め道を東に失したり」

五聯隊は、後藤伍長が倉石大尉率いる部隊主力と行動していたようにした。口述は完全にねつ造されていた。

後藤伍長の病床日記にも、橇を見つけ六十人あまりが帰営の途についたとの記述があったが、これまでの証言から、後藤伍長は倉石大尉以下の主力が第二露営地を出発した状況をよくわかっていない。おそらく後藤伍長は、倉石大尉以下の主力が出発した後に第二露営地に戻り、そこに残っていた下士卒から部隊の状況を聞いたのだろう。

倉石大尉の陳述書に次の記述がある。

「山口大隊長も亦人事不肖となれり時に午前七時頃なり……余は古参として総指揮を取ることとなれり……一時この地に停止し方向を確定したる後発進することに決心せり……選抜下士斥候二組を派遣して田茂木野方向に出る道路を捜索せしめたり……大隊長火暖の為めに蘇生せられ神成大尉又演習上の指揮を取ることとなれり暫くにして下士壱名帰路を発見せることを報告せり、依て之を案内者として火打山に向て前進始めたり時に十二時頃なりき」

将兵に見放された神成大尉は、死に場所を探していたのかもしれないし、あるいは茫然自失の状態だったのかもしれなかった。山口少佐も人事不省になってしまい、興津大尉は斃れてしまった。部隊を指揮する者は倉石大尉以外にいなかった。

山口少佐はこの演習の壮行会で倉石大尉に演習参加を促していた。当初から山口少佐は何かあったら倉石大尉に任せようと思っていたのだろう。

倉石大尉の指揮は、これ以降最後まで行なわれた。だから神成大尉が指揮を執ったという倉石の証言は嘘となる。自らに責任が及ばないようにしたのだ。

神成大尉は自ら剣を抜いて前に立って歩いた以降ぷっつりと消え、翌朝まで何をしていたのか知らせるものはない。倉石の陳述以外は……。

任意解散の嘘

第一報となった二十九日の東奥日報は、演習部隊が「任意解散」した、「各自の任意に従うこととなり」と報道した。これらの意味するところは、指揮官が部下に対して「指揮を解く」ということである。本当に山中において、山口少佐が大隊長として部隊の指揮を解いたというのか。もしそのような命令を出したとするならば、山口少佐は切腹して責任を取るのが普通である。だが山口少佐は生きて営門を入っていることから、そんな命令を出していないようだ。

まずどうしてこんな新聞報道がされたのかである。それは救出された後藤伍長の証言が基になっているのは明白だった。ただ後藤伍長は部隊から離反していたため、部隊の状況をよく知らない。後藤伍長は大隊長が絶命したと認識していたのだ。そうなると任意解散の話も、第二露営地に残っていた下士卒から聞いたということになる。

小原元伍長は山口少佐の命令をこう証言した。

「その朝初めて大隊長も二、三回人事不省になりましたよ。それから大隊長は、これはもうとても今までのような命令を出してね、やるなんて不可能であるから、今度各自欲するとおり原隊の方を確かめて原隊に行ってくれとこういうわけ……死んで六十人ばかりになったところで初めて大隊長は何中隊前とかなく、それまではいつもですね、『第何中隊前、第何中隊前』こうなんですね。田茂木野という村に行けばそこに聯隊の連絡がある。田茂木野へ探して行けとこういうわけなんです。それから斥候を出して田茂木野を捜索する、こういうことだったんです」

小原元伍長は、小笠原弧酒の取材にこうも証言している。

「ちょうど正午頃、山口大隊長殿も、中隊の欲するところに任せて、聯隊に連絡をするところを見つけるようにという命令でありましたが……」

小原証言から山口少佐は指揮を解いていないし、各個に対して命令もしていなかったことがわかる。

山口少佐は、大隊長として各中隊長等に対して各中隊ごとに前進するよう命じたのである。つまり五中隊長神成大尉、六中隊長興津大尉の次級者鈴木少尉、七中隊長代理大橋中尉、八中隊長の倉石大尉の四人に対して、任意の方向に進めと命じたのである。いつまでも全員一緒に彷徨するよりはいいと判断したのだ。

伊藤元中尉は、山口少佐が各兵士に自由行動を命じていないと断言した。

「雪中行軍のあの悲惨事は実に山口大隊長が軽率にも雪中行軍の計画者であり指揮官である神成大尉に相談せず命令を発したのがそもそもの原因である。一体この行軍は前にも申述べたように、計画者は神成大尉で指揮官である。山口少佐はこの行軍に随って行った位のもので、位は上級であったが指揮権はなかったのである。この些細な誤りが二百余名生命を奪ったかと考えるとき、上官たるものの行動及び指揮について深く考えらせることがある……最後に一言しておかねばならぬことは、山口大隊長が各兵士に自由行動を命じたと世間ではいっているが、決して左様な命令は出しません」

伊藤元中尉は、演習部隊を指揮した山口少佐を強く批判しているのだから、もし山口少佐が各個に自由行動、つまり解散を命じていたのならば隠すことなく同じように批判していただろう。その点で伊藤証言には重みがあった。

演習部隊が各中隊ごとに行動していたのを裏付けるようなこともある。演習部隊の行動は大きく二つに分かれている。一つは倉石大尉と大橋中尉が進んだ駒込川沿いである。大橋中尉らは途中の按ノ木森で、倉石大尉の進んだ方向から右に逸れて駒込川に下りている。もう一つは田代街道を進んだ神成大尉と鈴木少尉で、一緒に行動している。

では「任意解散」や「各自の任意に従うこととなり」は誰が言い出したのか。大隊長の周りにいて大隊長の話を聞いていた下士卒が、各個に対する命令と都合よく解釈したのだろう。この日の未明、大隊長に対して早く行進するよう泣き言を言っていた兵士らなのだ。もはや何でもありの状態となっていたのである。そしてある者は自ら活路を求めて部隊を離れたのである。これが任意解散の実態なのだ。

「午前七時頃風雪漸く霽れ稍四方を眺望する機を得たり然れども判然方向を知る者なし」(顚末書)

青森測候所のこの日六時の記録は、快晴、気温マイナス十・六度、風速五・一メートルだった。一時的に吹雪がやみ視界が開けたらしい。だが、誰も帰る方向がわからない。それも当然で、視界がほとんどない猛吹雪のなかを彷徨していて、現在地がどこなのかわからないからだった。そこで倉石は斥候を出して前進経路を探すことにした。斥候となる者の負担は大きいが、全員をムダに歩かせるよりはましだった。

「決死隊を募り田代街道と本隊へ急報せしむべく募集したところ、渡辺曹長、高橋伍長以下十名が応募した。これを二隊に分ち派遣したところ一隊は失敗したが、他の高橋伍長来り帰路を発見したとの報告で……」

と、伊藤元中尉は話している。渡辺曹長とあるのは渡邊軍曹が正しい。渡邊軍曹の所属は八中隊で倉石大尉が中隊長である。斥候志願者の多くは倉石の中隊から出ていた。直属の中隊長が斥候を募っていたのだから、下を向いているわけにはいかなかっただろう。

それよりも気になるのは、「田代街道と本隊へ急報」という言い方である。どうも田代新湯に斥候を出したような印象を受ける。

二月三日の中央新聞には、

「倉石大尉の談話に依れば……二十五日斥候を左右の二方面に出して道を探らしめたる……」

とある。また、二月八日の巌手日報の倉石大尉遭難談には、

「一組八名の下士斥候を編成して一は田茂木野に出ずる道を探らしめ一は田代に通ず

る道を探らしめたり……」

とある。やはり倉石は田代新湯探しに斥候を出していたのである。だが、顚末書と倉石の陳述は田代へ斥候を出したことは隠し、田茂木野方向の偵察に二隊出したとしていた。

ほとんどの隊員は手と足が凍傷でまともに動けなかったので、田茂木野よりはるかに近い田代新湯を避難場所に選ぶのは誤りでない。ただし、それは田代新湯に食糧、燃料等が確実にある場合である。演習部隊はこれらを確認していないのですべてが不明だった。それに二十三日、二十四日と田代新湯を見つけられなかった。駒込川沿いに上流を目指せば田代新湯に行けたのだが、演習部隊はそれさえわかっていなかったのである。現在地すらわからないのに、全く不明な田代新湯を探しに斥候を出すという判断はない。ましてや凍傷で早期治療が必要なのだ。来た道を探して帰ることが最良の策なのだが、倉石にはそれがわからない。結果は明らかで、伊藤元中尉が「一隊は失敗した」と言っているとおりなのである。

顚末書と遭難始末を見比べると、斥候の編成、帰路を発見した斥候組が異なっている。

顚末書は、斥候が今井特務曹長組と渡邊軍曹組となっていて、今井組に藤本曹長、渡邊組に小山田特務曹長と佐藤特務曹長がそれぞれ追従し、渡邊組が帰路を発見したようになっている。遭難始末は、斥候が渡邊組と高橋組で、渡邊組に今井特務曹長と藤本曹長、高橋組に小山田特務曹長と佐藤特務曹長がそれぞれ追従し、高橋組が帰路を発見したとなっていた。

どちらが本当なのか、鍵となったのは特務曹長である。顛末書に「午後一時頃漸く帰路を認め……午後三時馬立場に達し茲に今井斥候を待つこと半時遂に来らず」とあり、今井特務曹長は行方不明となる。小山田特務曹長と佐藤特務曹長は、倉石大尉とともに駒込川の川べりにいたことが小原証言で確認できる。これらのことから判断すると、渡邊組と高橋組とした伊藤証言や遭難始末が正しいようだ。

その頃の小原伍長は悲惨な状態だった。

「足は凍傷で、ちょうどシビレがきれたような感じ。そんな足を丸太を引きずるように、胸までの雪を泳ぐみたいにかき分けて歩きました……手がこごえてボタンをはずすことが出来ず大小便はたれ流しで、まず小便にぬれた足の下の方が凍り、それからだんだんシリの方が凍ってくる」

ほかの将兵も同じような状態だっただろう。それでも必死に歩いていたのだ。将兵は限界を超えていた。気を緩めると眠ってしまうのだ。しかし、目を開けていたとしても幻覚に悩まされた。小原元伍長は話した。

「私の中隊長は、木に雪が積もったことを聯隊があそこから救援に来たといってですね、救援隊が来ているからラッパを吹いてここにいるということをその意図を知らせてくれっていうわけです。それも無理にラッパ手に吹かせる、ラッパの音といったら嫌な音がするんですね。半分死にかけていてラッパ吹くんですからね、日清戦争、木口小平だかなんだかありますね、あのラッパ吹いて死んだの……まだ目に残っていますね、ブブー、ブブーと吹くのが……。来ません、木の枝に雪が積もっているんだもの、来るわけないですよね。聯隊が迎えに来てるっていうわけでしょう。それからいつまでも待っていましたけれども来ませんよ。聯隊でまだ状態がわからんですから」

伊藤元中尉の証言は、小原証言と違っている。

「応援隊が来たものと全員が喜んだ。併し私は枯木だと思ったが、枯木といってしまえば各兵士の落胆を思い、倉石大尉と相談して報告しなかった」

意外にも五聯隊はこの錯乱状況を顚末書に載せた。五聯隊は恥を承知の上であえてやったのだ。その狙いは行軍の困難さを強調し、その責任を軽減することにあったのだろう。

午前十一時半頃、斥候長の高橋伍長が宿営地に戻ってきて帰路を発見したことを伝える。

帰路がわかったのは鳴沢に残置した橇を見つけたからだった。

第二露営地から斥候の誘導で馬立場に向かったのは、倉石陳述では十二時頃となっていた。山口少佐は意識を戻していたが、命令、指揮を行なう元気はなかった。神成大尉は自ら軍刀を抜いて前方を歩いた以後の行動はわからないが、演習部隊を指揮していないことは確かだった。演習部隊の指揮は倉石が執っていた。それは倉石が露営地にいた隊員の状態を見て武器の携行は難しいと判断し、残置させていたことからもわかる。

演習部隊主力は馬立場へ前進した。その数、顚末書は「従う者約六十名」、小原証言でも当初は六十人いたとしていた。

だが、遭難始末の遭難地之図で、第二露営地から北上した経路上および駒込川沿いの死体数と生存者数を確認すると一二〇名あまりになる。つまり倉石大尉は残り約六十名を見捨てて前進したのだ。その多くは、凍傷で倉石ら主力について行くことのできなかった下士卒だった。彼らはそれでも動けなくなるまで部隊主力の後を追ったのである。

さかのぼってこの日の朝七時頃、顚末書によると倉石大尉は「中隊は救援隊を待つため本夜此地に停止するの決心なり」といい、あわせて斥候を募っている。幻の救援隊騒ぎの発端とも考えられる。問題は「本夜此地に停止」で、その指示で多くのものが眠ってしまい、取り残された可能性もあった。

阿部元一等卒はこのように言っている。

「夕方になると私の回りに二、三人しかいなかった。そのひとりが『オレはこの辺から出た兵隊だ。すぐそこに家がある……いってみよう』といい出した。目をこらすとなるほど木立の中に家みたいなものが見える。……ところがいくら行っても家がない。その兵隊は頭がおかしくなっていたのだ。ガッカリしたとたんに、その場に倒れてしまった。……朝になると雪がやんでいた。歩こうとしたが、足の関節が動かない。足をひきずって手ではって歩いた。目の前にツマゴ（ワラグツ）で通った跡がある。……足跡をたどった。……しばらく行くと、こわれかかった小屋があったので、なかにころがり込んだ。そこに先客がいた。三浦武雄伍長と高橋健次郎一等兵だ。三人で雪を食べながら生きていた」

阿部一等卒が置き去りにされたのか、自ら主力に付いて行かなかったかはわからない。

また、村松伍長は陳述書で次のとおり述べている。

「一月二十五日朝露営地に於いて伍長大坪平市人事不省となりしを以て救護に努めたれども終に蘇生せず、然るに大隊は既に出発して其影を見る能わず故に止なく第五中隊兵卒古舘要作と共に大隊の行進方向を尋ね困難を冒して急進せしが……渓谷に沿い高地を下る……一月二十六日未明目覚めてより前日の如く渓に沿い高地を降る……前方に小屋様のものあり故に余はここに露営するを決して古舘と共に小屋に入る」

その村松伍長の行動について、同期の小原元伍長はこういっている。

「自分で勝手に行ったんでしょう。勝手に行ったんだから何しに行ったか分かりませんがね。ああいうときというもの二十人だら二十人私らが行ったのも固まったけれども、後の残っている人たちが皆田茂木野の方だと思って方向もろくに確かめずに行ったでしょ。それが途中で亡くなってしまう人もいましたものね……」

小原証言は、倉石ら主力が第二露営地を出発する際に、動ける下士卒がいたことや演習部隊が分裂していたことを裏付ける。やはり倉石率いる主力について行くことなく、独自に行動していた隊員がいたのだ。

二十五日昼出発した倉石率いる主力も、その前進は順調ではなかった。小原元伍長はこう話した。

「報告に来た兵士がもう半分死にかかっていますから、いうことが何も分からんですな。

それから隊は田茂木野の方向に移動、六十人いるうち、ラッパ吹いでのいろいろでぽつぽつ死にまして、わずか五十人しか残らなかったでしょ。兵隊を目標に置いて連絡を取るように行ったんですがダメなんですね。口語りませんで、目をぐるぐるして変な格好しているだけで、まず要領分からんですね……いよいよ田茂木野の近くになってやれ安心と思って前進したところが、そのときばあっと天が暗くなって全然もう闇になってしまってね、そして暴風も、全然一寸先見えません。ばあっと吹きますからね。そうなってくると兵隊も疲れる。雪の色がちょうど砂のような色でね、それからまたそこで露営です」

小原証言は田茂木野近くまで行ったようになっていたが、実際は馬立場より北西〇・五キロ、田茂木野までは一〇キロの位置だった。

伊藤証言は小原証言と違っている。

「弱った兵士を励まし出発し、馬立場に登る道を発見、周囲を展望することを得たときの喜びは蘇生の思いがした。進路を西にとり進んだが何処まで行っても馬立場に着しない。フト頭を上げると前面に太陽が見える。変だなと感じ良く考えてみると道を誤り、中の森東方山腹をグルグル回っているのだ。かく知ると急に疲れが出て一歩も歩けなくなり、斃れるもの続出し悲惨な有様であった。日が暮れたが露営する元気もなく足踏みなどして夜を明かした。もはや生き残ったもの三十余名しかなかった」

伊藤証言によると、倉石率いる主力は馬立場の西側を進んで按ノ木森を登り、そこから反時計回りに中ノ森北側へ戻っていたようになる。だが、馬立場北側斜面にラッパ手を含む数名の遺体が三十一聯隊に確認されていることから、倉石らの主力は馬立場を通っていたと考えられる。

第二露営地出発以降の状況が倉石陳述書に書かれている。簡単にすると次のようになる。

「十四時頃賽ノ河原の道路らしき所に着いた。視界二〇〇メートルぐらいになることもあったが、十五時頃になるとまた強風雪となった。黄昏が近づいていたので速度を上げた。この際、大橋中尉と永井軍医、それに多くの兵は遅れた。主力は賽ノ河原西方凹地に露営することに決め、自らは凹地に先行した。だが神成大尉はいくら待っても来ない。声によって判断すると約一〇〇〇メートル前方で露営するものと認めた。よって大隊長と神成大尉の二つに分かれて露営をした」

倉石ら主力は按ノ木森と中ノ森の間に露営した。そこは第二露営地から直線で約一・五キロの場所だった。前進途中に落伍者は次々と出ていたがどうすることもできなかった。誰もが倒れる寸前なのだ。倉石は神成大尉と連携して行動しているように装っていたが、そのとき神成大尉は後方の第二露営地にいた。そして、部隊から離反した後藤伍長はその露営地で眠っていたのだった。

神成大尉の最期

翌二十六日朝、後藤伍長が目を覚ましたときには、第二露営地に残っていた六十名ほどの下士卒はほとんど消えていた。彼らは自分らを見捨てて田茂木野に向かった部隊主力を追い、あるいは自らが思う方向に必死で進んだのだった。

病床日記にこうある。

「翌二十六日午前八時頃覚醒して高所に昇り回視するに前方に神成大尉鈴木少尉及川伍長等あり、依て追行して前進す」

後藤伍長はここから神成大尉について行く。後藤伍長が当初から神成大尉と行動をともにしていれば、後藤伍長の行動に瑕疵《かし》はなかった。しかし、後藤伍長は前日の朝から丸一日、自らの意志で部隊から離反していた。動けなくなってそうなったわけではない。あのときのパニックで部隊から離脱し、しばらくしてから第二露営地に戻ったのだ。

神成大尉がようやく現われた。神成大尉は山口少佐のいる主力に付いて行くことなく、第二露営地に残っていたのだった。それは倉石が神成大尉を見捨てたか、あるいは神成大尉が山口少佐及び倉石大尉と行動を共にすることをやめたかのいずれかだろう。これで神成大尉が演習部隊を指揮したとする倉石陳述の嘘がはっきりした。

その朝、神成大尉は第二露営地にいた鈴木少尉と及川伍長を連れて田茂木野に向かった。三人が一緒に行動するようになった経緯はわからない。後藤伍長の病床日記に「前方に神成大尉鈴木少尉及川伍長等あり」とあることから、当初は他にも何名かいたのかもしれない。

神成大尉は五中隊長、鈴木少尉は死亡した六中隊長興津大尉の次級者、及川伍長は長期下士候補生で三大隊だった。神成大尉と鈴木少尉のそれぞれに従う部下はいなかったようだ。五中隊の隊員は神成中隊長から離れ、どうしていたのか。

救出された将兵で確認してみると、伊藤中尉は倉石大尉（又は山口少佐）と行動をともにしていた。また、三浦伍長と阿部一等卒は神成大尉が動き出す前に近くの炭小屋に避難し、佐々木正教二等卒は長谷川特務曹長と行動をともにしていた。五中隊の下士卒は伊藤中尉あるいは倉石大尉にもついていっていないようなので、神成大尉が早期に動いていたら神成大尉に続く者がいたと思われた。

同じく六中隊では、山本徳次郎一等卒と紺野市次郎二等卒が倉石大尉についていって、阿部寿松一等卒が長谷川特務曹長と行動をともにしている。顚末書によると、鈴木少尉は前日急激な腹痛で軍医の救護を受け回復したとなっていたが、本当は回復せず倉石大尉についていくことができなかったのではと考えられた。

大臣報告の後藤伍長口述では、後藤伍長が倉石大尉らとともに帰路を前進し、途中で神成大尉、鈴木少尉及び及川伍長と出会い、行動をともにしたようになっていた。また、顚末書は神成大尉以下十数名が倉石大尉と連携して行動していたかのようになっている。それらはすべて虚偽だった。

神成大尉らの行動は、後藤伍長の証言以外に頼るものはない。

神成大尉が進む経路は、前日出発した倉石大尉らやその後を追いかけた下士卒の痕跡を頼りに馬立場～按ノ木森と進み、大滝平に到着したのは日の入近かったと推察された。

開かつした場所に進み出て前進方向を確認しようとした鈴木少尉は、雪庇でも踏んだのか突然と消えてしまう。他の三人にその安否を確かめる体力はなかった。それから間もなく及川伍長も動けなくなってしまう。及川伍長は自分にかまわず一刻も早く田茂木野に進むよう言ったという。

神成大尉と後藤伍長は歩を進めたが、すぐに動けなくなってしまった。二人とも精も根も尽き果て、その夜はそこで休んだのである。

二十七日八時頃、神成大尉は「自分はすでに歩行することはできない、お前はこれから田茂木野に行って村民に伝えよ」と後藤伍長に命じ、そしてこんなことも言った。「兵隊を凍死させたのは自分の責任であるから舌を噛んで自決する」と。

後藤伍長は立ち上がり、凍傷で自由の利かなくなった足を何とか前に出して歩き始めた。

一〇〇メートルほど歩いたところで力が尽きてしまい、一歩も進めなくなってしまう。気を失う寸前で、しばらくそのまま立っていたらしい。

十一時頃、後藤伍長は前方から人が近づいて来るのを確認し、声を上げて叫んだ。だが、猛吹雪のためか捜索隊には聞こえなかったようだ。その捜索隊も前方に人らしきものを認め、近づいて後藤伍長を確認した。捜索隊は後藤伍長から神成大尉が付近にいることを聞き出し捜索したが、神成大尉を探し出したときにはすでに事切れていた。

神成大尉の自決については、二月一日の中央新聞、二月二日の読売新聞にも書かれている。

神成大尉は山口少佐に演習を滅茶苦茶にされたが、演習中隊長としての責任から逃げることはなかった。その強い意志があったのならば、どうして山口少佐の暴走を止めなかったのかと悔やまれる。

顚末書によると、後藤伍長の救助位置から神成大尉は約一〇〇メートル、及川伍長は三〇〇メートルしか離れていなかった。意外なことが遭難始末の遭難地之図からわかる。鈴木少尉の遺体は後藤伍長から一五〇メートル前方の田茂木野寄りで見つかっている。鈴木少尉不明から後藤伍長救出までの出来事は、わずか数百メートルの範囲内で起こったのだった。結果的に神成大尉の組は山口少佐の命令を遂行し、演習部隊の惨状を聯隊に伝えたのである。

「筏を作れ」

倉石は陳述書で、神成大尉と二十七日まで連絡を取って行動していたようにいっているが、そんなことはありえない。二十六日の倉石ら主力は、遭難始末の遭難地之図にある死体の分布からすると按ノ木森を北上し、賽ノ河原北側を進み、マグレ沢の崖を下りて駒込川の大滝に前進したのである。神成大尉らが按ノ木森へ到着した頃に主力は賽ノ河原北側を歩いていたか、あるいはマグレ沢の崖を下っていたので、二隊が

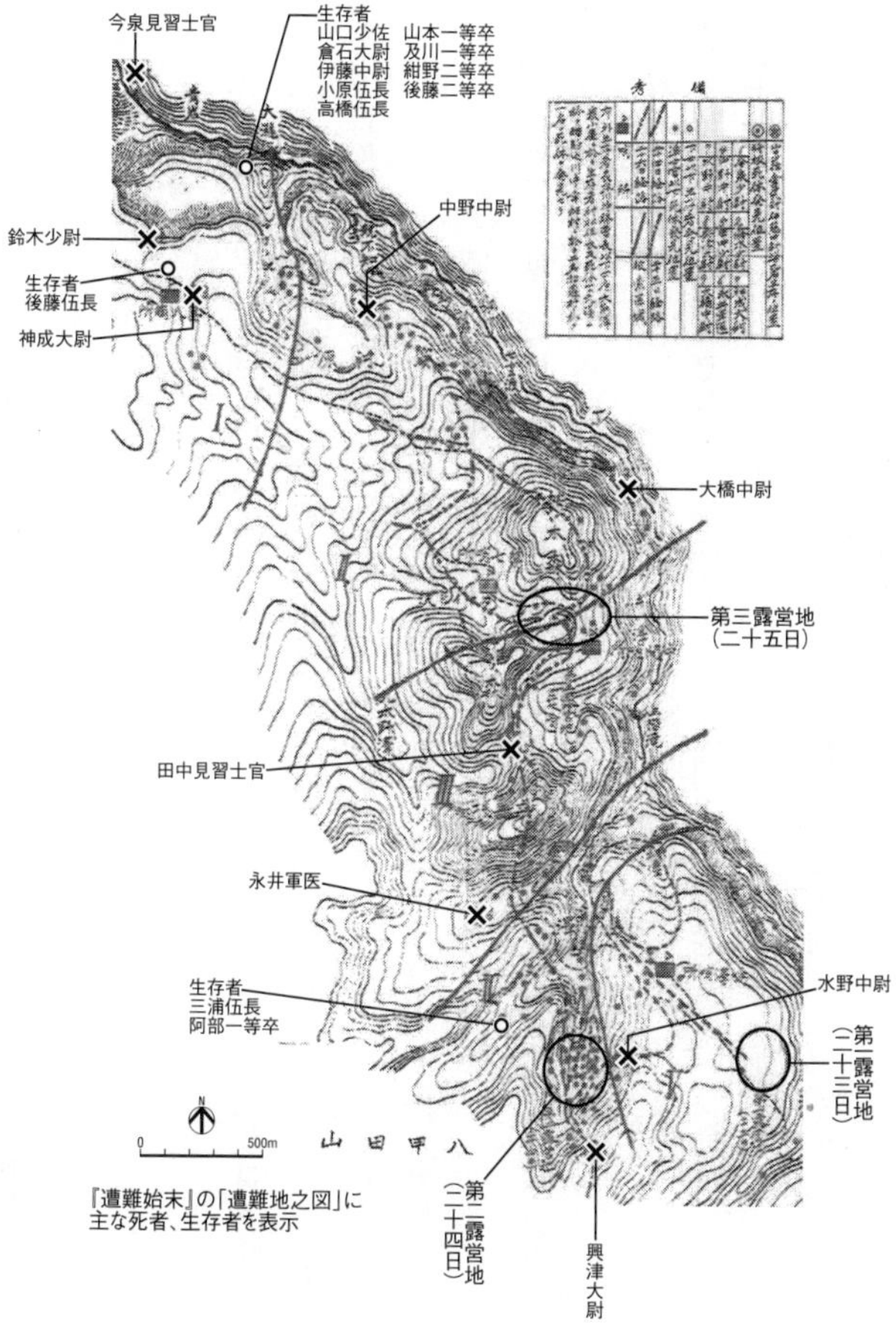

『遭難始末』の「遭難地之図」に
主な死者、生存者を表示

接触することはない。それに後藤伍長の証言に、倉石との接触をうかがわせるようなことは何もなかった。

田村少佐が二月一日十八時付で陸軍大臣に報告した文書に、こんなことが書かれている。

「倉石大尉伊藤中尉は元気衰えず快活に談話せり。其言に依れば二十三日は大隊は無事露営に就きしも二十四日には已に行軍中に約く四、五十名其夜に約く三十名許り、二十五日には四十名許り、二十六日には四、五十名の凍死者を生し二十六日の如きは各個に運動し殆ど集団せるものなし。只自己と共に行進せしものは十四五名にして、内九名のみ岩陰に遁し風雪を凌ぎ辛して今日迄生存せりと」

救出された直後における倉石大尉らの偽りのない証言だった。この証言にも神成大尉との連携をうかがわせるものはない。

二十六日の経路となった賽ノ河原北側に、特別小隊の中野中尉と他に二十名余が連なって斃れている。おそらくそのほとんどが長期下士候補生だったに違いない。また周辺は死体の分岐が多いことから、倉石大尉が吐露していたように部隊指揮は執れず、数名の集団がそれぞれの方向に進んでいたようにも見える。

その日の状況を、小原元伍長は小笠原にこう話している。

〈どうせ助かる見込みがないから、どうせ死ぬとしても大隊長の元で死ぬ決心で大隊長の加わった部隊に入りまして、そして澤を下りまして……〉（『吹雪の惨劇』第二部）

伊藤中尉は直属の上司である神成大尉と行動をともにすることなく、同じ山形出身の倉石と行動をともにした。というよりも山口少佐のいる演習部隊主力として行動したのだろう。

「二十六日私は倉石大尉と相談して、このままいる時は只死を待つのみであるから、賽の河原より駒込川に沿うて青森へ下る方が一策であると提言し、元気ある者を集めて大滝の下を望んで下りた。駒込川をはさんで両岸は絶壁で、苦心して下り滝つぼに至り川を下らんとしたが、上流のため流れが早く川が凍うていないため歩くことができなかった。疲れのため元の位置に引返す元気もなく、進むに進まれず、進退窮ってしまった。私が全員を点呼したら十八名あった。今は只死を待つばかりの十八名は水を飲み、雪をかじり岩によりかかっているうちに、渓谷の滝つぼは山上より暖かいため急に連日の疲れが出てウトウトと眠った」

と、伊藤元中尉は話した。

倉石は陳述で、二十七日に駒込川に下りたとしていた。

「朝……神成大尉、中野中尉、今泉見習士官、鈴木少尉と会合せり……速に村落を発見するの目的を以て神成大尉は高地背を余は低地に向うて進みたり……地形峻傾斜をなすにより後方に引戻さんと試ししも一同疲労甚敷一行同意せず止むを得ず駒込川に下り……今泉見習士官は一名の下士と共に渓中を下り村落を捜索するの目的を以て流れに入り行衛不明となれり」

この陳述は、鈴木少尉が二十六日夕頃に大滝平で行方不明になった事実と異なる。また、倉石がこれらのことを二十六日と勘違いしていたとしても、二十六日朝に第二露営地にいた神成大尉と会えるはずもなかった。倉石の陳述は責任逃れの虚偽でしかなかった。

田村少佐の報告、小原元伍長及び伊藤元中尉の証言から、倉石大尉率いる主力は生きているのがやっとで、部隊行動など取れる状態ではなかった。だがそんなときに狂気じみた出来事が起こる。

小原元伍長は倉石の愚行を批判した。

「常識を失ったこともありますよ……私の中隊長なんか、兵隊の銃剣持って来て、『どうだお前、これから筏でいって聯隊へ報告するから筏作るんじゃねぇがぁっ』そんな調子だったんですよ。だから中隊の見習士官が川に入っていって報告するという

駒込川渓谷の情景。この川を下れば、筒井の営所に帰れると信じて何人も飛び込んだ

わけだったんですね。……今泉見習士官が川に入ったんですね……神経がすり減ってしまうのか、川の中に入って生きて報告するなんてできないはずなんですけど、あの場にいるとできると思うだにかわってくるんですな。中隊長の前に行って報告せっていうんで、倉石さんが万歳の声ですね、そうして川に入って流されで行ったんですね。川に入って流れたら、暇もなく死んだでしょう」

今泉見習士官は十二月に倉石の中隊へ配置されたばかりだった。川に入ることは命令ではなかったらしいが、上官が言うことは要望だろうがお願いだろうが命令と同じで、その意図を忖度して黙ってやるしかないのだ。今泉少尉（二月一日付昇任）の遺体は、三月九日大滝の一五〇メートル下流で引き上げられた。

これには後日談がある。小原元伍長が話した。

「見習士官の遺族に中隊長は泣かれてすごかったそうですよ。中隊長命令してやったんだろうけれども、まあそこははっきり言えませんですけれどもですね、常識的に何もその好き好んで川に飛び込んだんじゃないと、つまり中隊長の命令によって川に入ったんだと……川に入って助かるはずはない……命令で入ったからと言ってだいぶ嫌味に泣かれたということを聞きましたね」

倉石に自責の念はなかったようだ。

寒さ、疲労、寝不足が隊員の精神を混乱させていた。小原伍長も川に入ろうとしたが、山口少佐に止められて命拾いをしている。

「大隊長は私の前で寝て居ったんです。『どっ、どうするっ』、『夕べ佐藤准尉とそれから下士官と四人で川に入って一刻も早くこの状態を聯隊に報告するが為に約束したんです。私はこれから飛び込みます』大隊長『待てよっ、そんな馬鹿なまね待て』ったんです。『夕べ一緒にいたけど、佐藤准尉なる兵隊、そこにいて死んでるじゃないか』、んだんだね、こりゃなるほど、川向にちゃんと石造のように死んでるでしょ……」

山口少佐は大隊長としてダメだったが、人として本当は優しかったようだ。山口少佐が小原伍長を制止したことによって、遭難事故の証言は後世に残された。

川岸で伊藤中尉は派手に動くことなく休んでいた。そしてついに六日目の一月三十一日、動き出した。

「家に帰って御飯を食べたことや、家人と会ったことなどの夢を見ているうちに何日経ったか判らなくなった。私はこの所で初めて眠った。目が覚めてみると兵士はゴロゴロして元気のあるものは水筒に水を掬んで飲ましていた。……何日かの夢から覚めてみると、お天気がよい日であった。山をみると烏が二、三羽いるのを見たから、倉石大尉と相談して鳥という鳥は人里の近所に住む鳥であるから、附近に人家か、炭小屋があるに違いあるまい。このままここにいても死ぬのだ。勇を鼓して山の上に登ってみようではないかと相談をかけたら賛成してくれたので、残っている兵士に命じたら誰も動かない。仕方ないから屈強な兵士二名を無理強いにつれ、四人が急な山をよじ登ることにした。疲れない時でさへ容易でないのに一週間以上、食わず飲まずでいたので、非常に苦心して、一歩誤れば大滝の滝つぼへ落ちる危険にさらされながら、永い時間かかってよじ登った。登りつめると鳥がいる所まで、もう一つの峰がある。所が二羽の鳥が三羽になり四羽になり、それが三十羽に増え私達の方へ進んで来るようである。後でよく気をつけてみると、それが皆人間であった。兵士のうち人夫も混っている……」

このとき一緒に登った下士卒が、小原伍長と後藤二等卒だった。小原元伍長はその状況をこう話した。

「先を歩いたんで、だけど疲れているからね、私つぶれてしまったから、隊に帰れば階級でそんなことも言いませんけど、死ぬか生きるかのさかいだから、大尉だからって後に回るだとか、兵隊だからって先に行くとかいうことなくにね、お互いに深い雪を踏んで行くんだからもう階級で行くということなくしてお互いにやりましょうというわけですね。サンの言うとおりだ、中隊長それから、お前らどうするんだ、そうすると。……手は凍ってるし、木にすがってようようの次第で……登ったんですね。そうしたところがずっと向こうにカラスの如く人影がある。それがどうしてもこっちを何回見ても助けにこないんですね……それから一生懸命になって叫んだところ、どこかでやっぱり行軍隊だと思ったのかもしれませんが、それが助けに来ましてね……」

捜索隊が当初助けに来なかった理由は、後藤伍長以外全員死んだとして遺体捜索をしていたからである。田村少佐の大臣報告にも、

「生存者発見の報に接するや皆意外の感に打れたり」

とあった。

いっしょに登った後藤元二等卒の証言を抜粋すると次のとおり。

「倉石大尉、伊藤中尉、小原伍長と私の四人が大岳に向って登り、中腹に至って漸く青森を見ることが出来た。……捜索隊をはじめカラスの群れだと思った。……声をからして叫んだがなんらの反響がなかった。そうこうしているうちにこのままでは死んでしまうと思ったので適当の隠れ穴を探そうと思って立ち上がったところ、山の上の方から誰だという声がかかり〝兵隊だ〟というと〝動くとあぶないから伏せていろ〟という声があり、三十分もしたら上から真黒いものが落ちてくると思ったらそれが捜

索隊であった」(昭和二十九年八月十七日、東奥日報)

四人は兵に背負われて哨所に向かった。伊藤中尉は当初背負われることを拒み歩いていたが、その速度が遅くしまいには兵に背負われたのだった。

長谷川特務曹長の決心

二十五日に行方不明と顛末書に書かれた長谷川特務曹長は、崖から転落し主力から離れたとしていた。だが、本人の言動を検証してみると、どうもおかしい。二月四日の報知新聞に載った長谷川特務曹長の実話を抜粋すると次のとおり。

「此日途を失いて崖より落ち上がること能わざりしが、幸い炭焼小屋のあるを発見し兵士三名と共に其小屋にて二週間位籠城の覚悟を為し、其の積りにて炭を焚き雪を食い毎日午前七時より午後五時迄交る交る助けを呼びたり」

崖から落ちた後、部隊に戻る気はなかったようで、小屋にこもって助けを待つという考えだったらしい。

続いて二月五日の東京朝日新聞にこうある。

「二十五日は凍傷者多く三分の二は足利かず這う程になれり、神成大尉先頭になり別路をとりて行きしも進むを得ず引還せり、興津大尉は特務曹長附添い悩み居るを見たり……二十七日神成の隊と倉石の隊は二つに別れて進み神成は北に向いて歩み居ると思いしに日光の漏れたるによりて南なるを知れり…夫より二人の兵と進みしに谷間に転落せしに其処に炭焼小屋あり。炭を焚きて寒さを凌ぎ時々兵に救いを呼ばしめ居れるなり又大橋歩兵中尉（義信）は十七名を率いて見えなくなりしが炭小屋の所より一千米突以内にあらんと」

長谷川は第二露営地に戻るときに、興津大尉が介護されているのを見ている。興津大尉の遺体が第二露営地から二〇〇メートル南にあったことから、長谷川は第二露営地に到着したものと考えられる。

「二十七日神成の隊と倉石の隊は二つに別れて進み」以降の内容については、何を言っているのかよくわからない。特に、大橋中尉以下は倉石と行動をともにし、長谷川とは全く反対の方向に進んでいた。田代元湯近くにいた長谷川のそばを大橋中尉が通るはずもない。

原田大尉は第七中隊長で、長谷川特務曹長の直属の上司だった。その原田大尉の質問に長谷川が答えた内容が、二月六日の報知新聞に載っている。二十五日について抜粋すると次のとおり。

「大橋中尉は先導となり田中見習士官殿して進みしが……道を失いて崖の底に落ちぬ

匍《は》い上らんにも身体疲れて詮方なかりしが、余等四名は幸に炭焼小屋を見付け其内に入りしに……」

顚末書では前日の命令で行進順序が特別小隊、伊藤小隊、鈴木小隊、大橋小隊、今井（水野）小隊となっており、反転しても大橋小隊は先導にならない。

これら三つの新聞記事で確かなことは、神成大尉が先頭で指揮していて途中引き返したこと、興津大尉が救護されていたこと、炭小屋に避難していたことである。

長谷川は部隊から離れた理由を崖から落ちたとしていたが、第二露営地付近の沢にいて崖から落ちたとしても、胸まで埋まるほどの新雪深雪では滑落するはずがない。そこは第二露営地付近であり、行方不明になるほど部隊から離れることもない。

長谷川の陳述を読むと、自らの意志で部隊から離反した疑いが強くなる。

「一月二十五日　午前三時頃露営地を出発して帰路に向った。本日の天候は前日のように大吹雪だった。前進約一〇〇〇メートルにして行進路は方向を誤っているのを発見し転回して二十四日の露営地に向い帰還するとき、自分は頗る健全にして漸次歩みを進め二、三の将校を越えて先頭となり前進を続行した。このとき自分は歩みを速めたるため大隊より余程前方にいた。自分の前方に一上等兵が前進するのを見た。このとき、夜未だ開けず風雪激烈咫尺を弁ぜずために前方行進路を確定すること頗る困難であった。このとき進路は思いがけず急峻なる雪崖にして足を失し終に谷間に落ちた。谷間には自分より以前陥落した兵卒三名がいた」

前方がよく見えないときは、前の者について歩くのが普通である。だが長谷川は周囲より早く歩き、将校二、三名を抜いたと話しているのだ。言っていることが不自然で、部隊行動としてもおかしい。崖から落ちたとしてもそこは鳴沢に変わりなく、下って行けば第二露営地に着くはずだった。それが着かない理由は、第二露営地をすでに過ぎてさらに下っていたからだ。

兵卒三名は死ぬ準備をしていたという。長谷川は思いとどまるように説得したらしい。

だが、やはりおかしい。長谷川は行方不明になるほど露営地から離れていたはずだ。兵卒が枕を並べて死ぬのなら、みんながいる宿営地から離れるはずがない。

その説得をしていたときに、先ほど長谷川の前を歩いていた上等兵が転落してきて、結局、その後五人が一緒になってさらに沢を下ったという。先頭はカンジキを履いていた上等兵だった。

「約百米突茲に於て自分と上等兵との意見は衝突せり、即ち上等兵は飽くまでもこの谷間を下れば青森に向うを得るものと深く信じたるものの如く自分は谷間より漸次傾斜に沿って高地に達する意見なりし。この由《わけ》を伝うる内上等兵はヅンヅン前進を続行して終に相離ることとなれり」

カンジキの上等兵は沢を下って青森に行こうとしていた。考えてみれば、上等兵は部隊を無視して勝手に青森に向かおうとしている脱走兵ではないか。準士官の長谷川は、この上等兵をとがめることもせず黙って見過ごしているのである。

そもそも脱走してきた上等兵と同じ経路にどうして長谷川がいるのか。

改めて長谷川の陳述を読み返すと、

「二、三の将校を越えて先頭となり前進を続行した。このとき自分は歩みを速めたるため大隊より余程前方にいた」

とある。この時期はちょうど前進方向を誤まり、転回してパニックが起きたころである。それからすると、これはパニックで逃げ出したということだったのかと考えることができる。

第二露営地から移動容易な経路はこの鳴沢を下ることだった。パニックで逃げる際、わざわざ鳴沢の急な斜面を乗り越えようとはしないだろう。

長谷川の陳述では、その後また別の上等兵が転落してきて再度五人となり、さらにまた二人の二等卒に会ったという。

「偵察中佐々木正教（この兵は大隊長の人事不肖《ママ》となれるを知れりと）小野寺佐平の来るに会せり依って七名となる。この二名は頗る健全にして又特務曹長と共に青森に向わんことを乞えり、是に於いて自分は大隊の行進方向を捜索するを断念し青森に到り速やかに報告せし事を決心し、三人交る交る先頭となり西北を判断して谷を下れり」

歩行できた何人もの兵卒が、第二露営地から離れた場所で一体何をしていたのか。部隊から離脱して来たにほかならない。

あきれるのは、長谷川が二等卒二人に乞われたので大隊の行進方向の捜索をやめて、青森に行って速やかに報告するとしたことだ。全く説得力がない。第一、長谷川は大隊を探していないし戻ろうともしていなかったではないか。

以後の長谷川の陳述書を要約すると次のようになる。途中で阿部一等卒を拾い、前進を続けた。前進の間、当初の三人と上等兵は遅れて姿が見えなくなる。午後二時頃に約五〇〇メートル先に炭小屋を見つけ中に入り炭をおこし、雪を溶かして飲み、持っている食糧を分けて食べた。翌日出発を試みたが、結局炭小屋に戻り、二月二日に救助されるまで炭小屋にいたという。

長谷川が拾った兵は八名で、長谷川を含めると九名となる。それに後藤伍長と田中見習士官を加えた人数は、顚末書にあった行方不明者の十数名に近い。行方不明者のほとんどは、パニックで部隊から離反した隊員に間違いないようだ。

今、第二露営地に立ってみると長谷川の行動がよく見える。第二露営地から北に鳴沢を下り、途中で次々に逃げてきた兵卒を引き連れて鳴沢をさらに下り、その後、傾斜が比較的なだらかな東方向に進むと、そこは救助された大崩沢となる。

青森に行って速やかに報告するとした長谷川の決心は一体何だったのか。長谷川は自ら活路を見出して生き残ろうとしたのだろう。長谷川の準士官、職業軍人としての責務はいったいどこにいってしまったのか。

第六章　捜索と救助

捜索より送別会

五聯隊の初動は緩慢だった。演習部隊の帰隊は二十四日である。だが、捜索が開始されたのは二十六日だった。このときにおける津川の判断が大臣報告に書かれている。

「今回の出来事に就いて本職は初め次の判断をなせり。第二大隊は多少の困難を感じつつ田代に到着し翌日出発帰途に就きしも、該風雪の為め進行の危険を考慮し再び田代に引返し宿営せしならんと（田代には人を出すの外通信の機関なし）。然るに二十五日に至るも尚お消息なし茲に於て憂慮と疑念とを起し、当夜救援隊を編成し翌朝田代に向て前進を命ず」

津川は演習部隊が二十三日に田代到着し、二十四日は雪のため田代に宿営しただろうとして、遭難していると考えつかないほど脳天気だった。何の根拠もない判断をして、二十五日まで何もしなかったのである。二十五日夜になって救援隊を編成し、翌朝、田代に出発するよう命じたとしているが、それもどうやら自発的にやったものではない。

昭和四十八年の青森県警察史に、明治三十五年の青森警察署沿革史が掲載されている。その内容を抜粋すると次のとおり。

〈青森警察署長内田警視は……二十五日巡査千葉小一郎より、行軍隊の一行凍死せし状況ある旨報告に接す。即時内田署長に於て五聯隊に急行して協議を遂げたる結果、若干の捜索隊を発遣することに決し、翌二十六日聯隊を発せしと雖も、風雪の為め目的地に達するを得ず〉

なぜ巡査が二十五日の時点で「凍死せし状況」といえたのか。おそらく筒井、幸畑あたりの村で五聯隊が遭難したと騒ぎになっていて、それを聞きつけ上司に報告したということではないだろうか。とにかく警察から五聯隊に対処するよう働きかけがあったのである。

五聯隊は演習部隊が帰隊しなかった二十四日と二十五日に迎えを幸畑、田茂木野へ出したとしていた。大臣報告には、

「二十四日二十五日共出迎えとして将校一下士卒四十名を田茂木野に出し粥を作りて午後十時迄田代方面を監視せしめたり」

とあり、顚末書では、

「萬一を慮《おもんぱか》り川和田少尉に下士卒四十名を附し幸畑に出し其一部は田茂木野に出迎はじめ……二十五日……第二大隊副官古関中尉に下士卒四十名附し炊爨具を携行し幸畑に出張し粥を作りて一行の帰営を迎え」

とある。津川は演習部隊が田代に引き返し宿営していると判断していながら、田茂木野に迎えを出したと矛盾した報告をしている。

一月二十四日は大吹雪だった。

「一昨夜来の風雪昨日に至りても歇《や》まず寒気も亦至って厳なりしが日鐵は平日と余まり大した差なかりしも奥羽線は例によって非常の遅延を来しつつありき」(一月二十五日、東奥日報)

猛吹雪のなか、屯営からわずか三キロ先に出迎えと粥を準備することにどんな意味があるのか。帰営する演習部隊からすれば、迷惑なことである。さっさと屯営に帰り、隊舎に入って暖まりたいのが本音だろう。

二月一日の時事新報によれば、和田聯隊副官は、大臣報告にあった聯隊の出迎えについては語っていない。

「二十四日になると……此天気では嘸《さぞ》難儀して居るであろうと心配するようになり、原田大尉の如きは態態《わざわざ》幸畑まで行軍隊を迎えに行きましたが……二十五日は前日よりも大分天気が好くなりましたから聯隊長も今日こそ行軍隊が必ず帰えることと信じて居たのです。又吾々はこの日松本中尉が聯隊区へ転任するに付き集会所で送別会を開き、他の将校と共に行軍隊が今にも帰ったら大に歓迎しようではないかと言い合いながら今か今かと待ち暮らしたが……」

原田大尉は二大隊七中隊長だったが、業務で演習に参加していない。演習部隊の帰りが遅く自分の中隊が心配になり、猛吹雪だったが幸畑まで行ったのだろう。原田大尉は二十五日は被服委員会出席のため、弘前に移動しているので青森にはいなかった。

津川以下の五聯隊将校団は、あろうことか、演習部隊の帰隊が一日あまり遅れているにもかかわらず、転出将校の送別会を行なっていた。

二大隊が遭難し死者が続出しているときに、ぬくぬくとした集会所で酒を飲み、盛り上がったなかでの戯言がこれだ。

「第一の問題は一体田代という処は通常の民家こそなけれ温泉宿が二三軒あり、冬の間は例も其処へ番人が三箇月間の食料を貯えて留守居をするようになって居るから一同は食に困ることはあるまいとの説で……第二の問題は全然第一と反対で一同は無事でないというのです……殊に田茂木野から田代までは一軒の民家もないのだからますます心もとないという説で此両説は一時中々盛でしたが……」(二月一日、時事新報)

五聯隊の将校らは元湯も新湯も知らず、山の中の温泉郷でも想像していたようだった。

津川は演習部隊の心配より送別会が大切だったのである。そんな津川が、わざわざ

二十四、二十五日と自らの判断に反する出迎えなど出すはずがない。ただ、二月三日の報知新聞には、二十四日の出迎えが書かれている。

「同夜原田大尉及び第二大隊副官古賀中尉に三、四十名の兵を授け幸畑まで出迎わしめたれども……」

先の時事新報も報知新聞も、二十九日夜の和田聯隊副官の直話に基づいて記事が書かれている。報知新聞も二十五日は送別会についてだけ書かれていて、出迎えの記載はない。この二十四日の出迎えは津川に命じられたものではなく、二大隊の中隊長である原田大尉が二大隊副官と相談して行なったことなのだろう。なぜならば、津川は仕事が終わるとさっさと官舎に帰ってしまうので、夜は部隊にいないからだった。

津川の判断は、顛末書になると大臣報告に比べて想像豊かとなっていた。

「聯隊長は前日来大いに憂慮しつつありしが午後十時に至るも何等の消息を得ざるを以て益々疑懼《ぎく》の念を起し、惟《おも》えらく行軍隊は二十四日は無論田代に滞在したるべし。然るに本日は此大雪を冒して帰途に就き尚途中に彷徨しつつあるべきか或は又田代に封鎖され糧食の欠乏を告げつつあるべきか或はまた止を得ず比較的安全なるべき三本木方面に進出を企てたるべきか、何れか其一に出でざるべしと。是に於て一方には三本木警察分署に電報を以て該方面の情況を問い一方には救援隊を編成して田代に向て派遣することに決せり」

偽っているのは明らかだった。二十六日における津川の言動がそれを証明する。

「二十六日に至り事の容易ならざる報に接するまでも聯隊長は筒井村長及び村民等の慰問に対し三、四十名の一小部隊ならば兎も角も二百名以上の大部隊が目的地を有して進行したることとなれば確かに其地に到着し休養しつつあるに相違なし。世人が種々の想像を以て入らざる心配をするは甚だ迷惑の次第なりと語りたりといぅ」（一月三十日、東京朝日新聞）

聯隊長は全く憂慮などしていなかった。遭難していないとの一点張りで、思考が停止していたのだ。皮肉なことだが、津川が無事だとする根拠も想像に過ぎなかったのである。

津川は、大臣報告になかった演習部隊の三本木避難を顚末書で突然言い出した。事故から一カ月あまり経った報告で、何とでも書けたにせよ無節操過ぎる。

三本木は田代から三五キロで、屯営に帰るよりも一三キロ長い。三本木に行ったとしても軍吏が居らず、食事、宿泊、移動等どうするのか。それに万一、演習部隊が三本木に進出していたら、速やかに電報で五聯隊本部に連絡しただろう。津川は、三十一聯隊の田代越えを参考に言い訳の一つとしただけに過ぎず、大臣報告になかった三本木警察分署への問い合わせなどあるはずもない。
新聞も捜索の遅れを批判していた。
「聯隊本部は如何にして二十四日の帰期遅きを怪まざりしかと云えば之を要するに、発遣隊は一泊行軍の予定なるも、風雪の甚だしかりしが為に、山上の目的地に於て給養し居るものと認定したりと云うに過ぎず、是れ果して充分の注意を以て遭難隊に臨みたりと謂うべき乎……然るに発遣隊が何の危難なしに目的通りの行軍を終え、何の故障無しに山中に救養しつつありとするの推測は、余りに楽天的に余りに放膽《ほうたん》的ならずや……熟《つらつ》ら前後の事情を総合するに極めて疑うべきもの多し」（二月二日、報知新聞）
新聞のいうとおりだったが、津川にはその正論が理解できなかっただろう。

後藤伍長発見

救援隊の編成は、隊長三神定之助少尉、一等軍医村上其一、下士以下六十名となっている。一月二十六日五時四十分、救援隊は田代に向かったが、その行動は鈍く計画性がなかった。大臣報告にこうある。

「田茂木野村（屯営を距る二里弱）に於て土人の集合に時間を費せし為め午前十一時

漸く同地を発し」

途中で道案内人を雇ったが、その集合に時間がかかったとしている。事前にその手配をした様子もなく、ぶっつけの依頼で準備に時間がかかるのは当然だった。ましてや行先は猛吹雪の田代である。

道案内の募集について、顚末書は大臣報告と異っている。

「幸畑に於て村民二十名を集めて嚮導となし田代に向て前進す。嚮導集合の為め時間を徒費し午前十時過田茂木野に達し昼食を為し十一時同地を出発す」

道案内を雇ったのは、大臣報告が田茂木野、顚末書が幸畑となっている。どちらか偽っているのは明白だった。田茂木野は幸畑に比べ住民は少ないが、そのほとんどが薪炭、山猟を業として八甲田に詳しかったので、幸畑で道案内を雇うことは不自然である。

二月一日の萬朝報には、「去二十六日午前四時三神少尉は兵六十名を引率し村上一等軍医附添い道案内として田茂木野より川村蓮作、川村松太郎、川村丑松、赤坂金蔵の四名を雇い」とある。顚末書が偽っているのは間違いない。

「午後二時半燧山の頂上（田茂木野東南約一里）に達せり同地には行軍隊喫食の痕跡を認む……尚ほ若干前進せしも風雪劇しく寒感頓に加わり土人の哀訴的極諫により止

むを得す田茂木野に帰り宿す」（大臣報告）
田茂木野から一里は小峠である。何度も書くが、五聯隊は田代街道の地形・地名をほとんど知らない。連日の捜索で、地形をだいぶ知った後に作成された顚末書は、地名が正しくなり、さらに詳しくなっていた。
「小峠を下り大峠を越え小屋掛澤（大峠南方）に至れば、状況益々険悪となり雪風吹き荒し四面暗黒となれり。此に至りて土民等は寸歩も動かず前進の危険なるを主張し終に落涙極諫して止まず。救援隊長は奮然嚮導を棄てて前進せんと欲せしも、顧みれば時は既に午後二時三十分にして田茂木野を出発してより時を費やすこと三時間半、而して僅かに一里強を行進し得たるに過ぎず……此激烈なる寒気を冒して夜を徹する望みなし、……一旦田茂木野に引上け明早朝を以て再挙を計るに決せり……午後四時三十分田茂木野に帰り村落露営し翌日の準備を為せり」
この二つの報告によると、捜索途中で田茂木野に帰ることになったのは道案内人のせいだとしているが、新聞報道は違っている。
「積雪深くして進むこと能わず、日は既に暮んとするに宿るべき宿舎にも有付かざればば、遂に途中より引返して再び田茂木野に一泊し」（一月三十日、東京朝日新聞）
「燧山まで前進せしも下士以下凍傷を起し到底田代に達すること能わず已むなく田茂

雪中行軍隊の捜索の状況。捜索は一列横隊に進んで行なわれた

木野に引返し」（一月三十一日、時事新報）

「救援隊は救援隊自身に於て救援を受るの必要に迫るの困難を冒し、恰も下世話に所《いわ》謂《ゆる》木乃伊《みいら》取が木乃伊に成らんとするの有様を以て辛く其隊の健康を維持しつつ、二十六日は途中より引返して村落に露営し」（二月二日、報知新聞）

顛末書がどんなに勇ましいことを書こうが、救援隊は軽装備なので日帰りする以外にない。極寒のなかで長時間の行動に耐えられるはずもなく、そのまま突き進んだら救援隊の遭難は必至だった。五聯隊は捜索が進まないことを案内人のせいにして逃げていたが、二十四、二十五日と二日間も捜索をしなかったのは一体誰のせいなのか。

翌二十七日六時、救援隊は田茂木野を出発した。

「午前十一時田茂木野の東南約二里の処に於て雪中に直立せる伍長後藤房之助を発見す」

と、大臣報告にある。一月三十日の東奥日報号外ではこう報じている。

「後藤伍長も夢幻の如くに人の来れるが如き形跡あるより大いに叫びたるまま最早大丈夫と心の緩みしものと見へ其のまま倒れたるなりと、斯く後藤伍長の居るを認めたるより救援隊は急ぎて仝所に赴き之れに力を付け気付薬を与うるなどせし……」

大臣報告には、

「気息尚ほ絶えず軍医治療の後辛じて指を以て神成大尉神成大尉の語を発し、依って近隣なり捜索せしに雪中に埋没せる同大尉を発見せり。村上軍医百方術を尽すも遺憾ながら既に救うべからず、尚お附近を捜索して凍死の一伍長を発見する」

とある。先の巖手毎日新聞に載った某氏の親書には、後藤伍長の発見についてこう書かれていた。

「山腹に人影あるを認むれ共大吹雪の為め確かに人たることを知り得ざりしが、漸く雪を排して進めば是ぞ第八中隊伍長后藤房之助氏にして、一人なりやと問えば神成大尉も居る筈なり又鈴木少尉は此小山の頂に登りて影を失いたりと答えしに付、先ず氏にパンを与えしも四肢強直して取ること能わず口を出して受けたるが、一方捜索して神成大尉を探し当て施したれ共零下四度の寒冷にして却って凍結するのみなれば止むを得ず后藤氏のみを田茂木野に連れ来りて」

大臣報告及び顚末書は、後藤伍長の救護、神成大尉等の捜索・救命に約二時間費やしたとしている。吹雪と寒気が隊員の活動を困難にさせ、兵卒一名が卒倒し、救援隊は田茂木野に引き返す。

和田聯隊副官の直話にこうある。

「後藤と全身凍傷の兵士を毛布に包みて雪中をひきずりつつ辛うじて田茂木野に引返

し人家に入れ……」（二月三日、報知新聞）

また、田村少佐は死体の搬送要領について、こう話している。

「毛布につつみて一人に就き兵士十四、五名にて雪の中を引ずり、田茂木野の本部まで送る筈にして、山中にては雪深くして担ぎ出す訳には行かざれば已むを得ず雪中を引きずる次第にして、其困難想像の及ぶ所にあらずと云う」（二月三日、報知新聞）

つまり、患者も死体も毛布にくるんで雪中を曳きずったのである。ただ、搬送要領はわかったが新たな疑問が生じてくる。救援隊の編成は三神少尉と軍医のほかに下士卒が六十名いたが、神成大尉の遺体は搬送困難として残置されたのである。

大臣報告の救護処置景況報告には、

「吾救援隊の力到底之を行って能わざりし」

とあり、顚末書には、

「道路の開設と二人の患者運搬とは最も困難なる事業にして又手を分つことを許さず」

とある。

田村少佐の談話に一人につき十四、五名で曳いたとあった。これは捜索・運搬等に大量の人員が投入された後であり、余裕をもっての編成であろう。それを踏まえて下士卒六十名で、二名しか運べないというのはどう考えてもおかしい。しかも顛末書では、他に二十名の嚮導がいることになっているのだ。二人の引きずりに三十名使ったとして、残りの下士卒三十名と嚮導二十名の計五十名をラッセルだけに使用したというのか。もし本当にそれだけの人員がいて神成大尉と及川伍長の遺体を残置したとすれば、まともな軍人・軍隊のやることではない。

救援隊の下士卒六十名の根拠は五聯隊、つまり大本営発表である。救援隊について小原元伍長はこう証言した。

「行軍隊はもう帰るくらいだけれども確か田代温泉に到着して吹雪のために延期しているんだろうと、ただし食料がないからその食料を補給しなきゃならんという問題が出まして、それで三神という少尉の人が兵隊から軍医から十四、五名連れて八甲田に向かって出発したわけなんです」

小原元伍長は入院中に、同じ中隊で同期の後藤伍長からいろいろ話を聞いていた。救援隊の編成が十四、五名とする証言は、救助された後藤伍長に裏付けられたものだったのである。また、五聯隊と警察の協議結果に「若干の捜索隊を発遣することに決し」とあった。やはり下士卒六十名の救援隊は偽りだったのだ。

三神少尉以下十四、五名に、萬朝報にあった道案内四名がいたとして、その人員は二十名に満たない。その人数で曳ける人員は二名がやっとだったろう。

師団長証言と異なる顚末書

田茂木野の民家で手当てを受けた後藤伍長は、ようやく意識を回復した。その様子や証言は巖手毎日新聞に載った某氏の親書で知ることができる。

「看護するほどに其甲斐空しからず次第に食を求め煙草を吹く様になれり。依て大隊は如何にせしやと問うに二十三日（出発の日）田代に着する能わず、雪中に露営したれ共薪炭欠乏して暖を取るに由なく為めに各兵手足に凍傷を起し手套は皮膚に氷着して脱する能わず。翌二十四日午前二時露営地を出発して進んで目的地たる田代に向えり……翌二十五日午後二時頃再び田茂木野方向を指して出発せり……三度露営して翌日も又早々出発したるが此の時残るもの僅に将校二名伍長二名のみ、その内伍長一名倒れ第四回の露営をなしたる。翌二十七日朝神成大尉曰く余既に歩行する能わず汝は之より行きて村民に語れと。然れ共進むこと能わず漸くにして約五十米突（約三十間許）進みしが此間三時間を要したり、力已に尽きて一歩も進む能わざる時益々吹雪は烈しく面を向け能わざる程なりしが、遙かに捜索隊の来れるを見て声を限りに叫びたれ共元気衰えて声かれ捜索隊に聞えざりしならんと。されば恐らくは此伍長の外一名も余さず大隊長以下二百八名遂に死亡せるなるべし」

後藤伍長はとんでもないことを言ってしまった。二十六日の生存者は、四名としてしまったのだ。そのうちの後藤伍長だけが救助されたのだから、これを聞いていた三神少尉以下が、生存者は一名のみと判断するのも無理はなかった。後藤伍長は部隊から離脱していたことで、倉石率いる部隊主力六十名ほどが馬立場に向かったのを見ていないし、自分だけが救出されたことで、自分以外全員死んでしまったと勝手に思い込んでいたのだ。後藤伍長の証言は、演習部隊の遭難を聯隊に知らせることになったが、捜索を二日間遅らせることにもなってしまう。小原元伍長もその点について話している。

「自分はとにかく助かったが後は全部皆凍死していると、そうなったためにもう大騒ぎになって、その三神という少尉の人が引率していった人が、聯隊に一直線に駆け込みましたね、報告に……」

この話も小原伍長は後藤伍長から聞いていたのだ。

演習部隊の状況に楽観していた三神少尉は、後藤伍長の話を聞いて血の気が引いたであろう。伝令をもって津川に第一報を伝えていたが、後藤伍長と神成大尉を発見したことしか伝えていない。

「倚《つらっ》ら後藤伍長の云う所を思えば今や、大隊は極めて危険なる運命に陥り居る事分明なり、是れ自ら其趣を聯隊長に急報するの必要ありと決心して屈強なる上等兵一名を伴いて、田茂木野より聯隊本部に至る二里の険路を、一息もせず只走りに走りて、午後八時頃聯隊長の官舎に到着したが……聯隊長の玄関に着するや否や忽ち卒倒して人事を弁ぜず、只僅かに『水、水』と連呼するのみなりしが……聯隊長は……自ら一杯の水を携って来て少尉に飲ませ、其元気を回復させて後詳《つまびら》かに大隊危険の報告を聞いた此夜聯隊長は直ちに聯隊全部を挙げて捜索するに決し、夫々の命令を出したが……」(二月六日、中央新聞)

この三神少尉の状況は大臣報告にない。顚末書にはあるが、だいぶ様子が違っている。三神少尉の出した伝令が、聯隊に第一報を伝えた後の状況はこうなっている。

「午後一時、聯隊長は報告を受領し不取敢《とりあえず》増援隊を編成して出発を命じ、直ちに救援事業の大計画に著手《ちゃくしゅ》せり……午後六時過、聯隊長邸に於いて将校会議を開きつつありしとき、三神少尉到着す、少尉は身神疲労気息奄々《えんえん》殆んど言うこと能わざりし。暫くにして口を開き救援隊の目撃したる情況と後藤伍長口述の大意とを報告し救援困難の情況を陳述せり。一同悲惨の感念に打たれ悽然《せいぜん》之を久うす」

これはほとんど嘘である。二月一日の河北新報に立見師団長の談話が載っている。

重要な箇所を抜粋する。

「二十七日陸軍省に出ている中に午後になって始めて雪中行軍に出た山口大隊の行衛《ゆくえ》が知れぬという報告を得ました、これは容易ならぬ怪しからんと思って本省にも其旨を報告しているなか間もなく第二の報告を得た、夫れにて聯絡が附いて無事の見込というのであったから能い塩梅と聊《いささ》か安心していると又もや第三の報告があって危険に陥り凍死したという事で夫れから第四の之に応ずる善後の電報にも接したような始末です」

津川は師団長に「二大隊が行方不明」、「連絡がついて無事の見込み」、「危険に陥り凍死した」の順に電報したのだ。だが、顛末書には「連絡がついて無事の見込み」を判断した状況が存在しない。救援隊の第一報を十三時に受け、増援隊を出し、救援計画に着手したと書いている。つまり顛末書は、師団長の証言と食い違っているのだった。

津川の偽証は聯隊副官の証言によって露呈する。二月三日の報知新聞に載った「和田聯隊副官の直話」は次のとおり。

「聯隊にては二十七日の午後二時頃、伝令息せき帰りて後藤伍長神成大尉他一名を発見したりとのことを注進せしかば、連隊長殿を始め一同神成は中隊長なれば定めし前導なりしならむ。神成を発見する上は他のものも続々発見せられんとて幾分の望みを以て待ち受けしに、午後八時頃に至り三神少尉息せき帰り来り聯隊長殿の官舎に抵《いた》り玄関の所に仆《たお》れ水々と呼ばるに、聯隊長殿は何事ならんと驚きて立出でられ自身少尉を抱き起してコップの水を呑ましめ介抱を加えたれば、少尉は初めて我に返り後藤伍長を救い出したる顛末を報告せしかば、聯隊長殿も大いに驚かれて聯隊全部を以て捜索隊となし十分に捜索することとなり」

和田聯隊副官の直話は、師団長の証言と一致する。津川は神成大尉と後藤伍長を発見したとする伝令の報告で安心し、二大隊が無事の見込であることを師団長に打電したのだった。

そうなったのは三神少尉の怠慢でもある。神成大尉の死亡を直ちに聯隊に伝えなかったために、津川の判断も誤ったのかもしれない。

三神少尉の緊急報告により、津川は演習部隊が深刻な状況にあることを初めて認識し、あわてて師団長に遭難し凍死したという電報を送ったのである。

顛末書はその偽りをさんざん晒し、もはや滑稽な文書となってしまった。

五聯隊は最初に田代へ派遣した部隊を救援隊としていたが、陸軍省への電報には捜索かつ連絡のため部隊を派遣したとしている。津川は、はなから遭難したとは思っていないのだから救援であるはずがなかった。

聯隊長判断は遺体捜索

津川は捜索隊から第一報があった日、普段と変わりなく官舎に帰った。普通の指揮官ならば、演習部隊が帰隊するまで屯営で待っているものである。原田大尉は自分の中隊が心配で、猛吹雪のなか、幸畑まで迎えに行った。そのような感情は津川には微塵もなかったのである。それを顚末書では、自らの官舎で将校会議を開いていたと真っ赤な嘘をついていた。顚末書にあった大捜索をしていたのであれば、聯隊本部において指揮するのが当たり前で、それは本当に幼稚な嘘だった。

聯隊長官舎に駆け込んだ三神少尉の報告は、楽観していた津川には大きな衝撃だったに違いない。後藤伍長の証言から、生存者は他にないと伝えられた津川は、また判断を誤る。

「数日来の救援隊の実験と後藤伍長の言明に依り、根拠遠き一部隊の救援隊を派遣するか如きは到底其効を奏せざるを察知したるのみならず、後方連絡を安全に保持し且つ凍傷患者を生せしめざるを目的とし二十七日夜左の方法を以て捜索するに決せり」(大臣報告)

その方法を簡単にいうと、田茂木野に捜索隊本部を置き、屯営から演習部隊露営地間において約一〇〇〇メートルから六〇〇〇メートルごとに逓伝哨所（連絡所）を設置する。そして、その逓伝哨所を拠点として捜索を実施するというのである。そのために二十八、二十九日の二日間が哨所の開設工事のみに費やされた。

巖手毎日新聞に載った某氏の親書にも同じようなことが書かれている。

「二十八日安全なる方法を以て捜索せんと……準備を為し二十九日前日の通り十五カ所に雪を掘取りて屋根をかけ哨舎を造れり」

この事は陸軍大臣に報告されていた「捜索実施概況」にも記録されている。

津川は、三神少尉の報告から後藤伍長以外の生存者はいないと決めつけ、今後の方針を死体捜索と決定してしまったのである。

津川は三神少尉の報告を聞くまで、演習部隊が遭難したとは全く考えることなく、田代新湯に到着し足止めされていると確信していたように、今度は後藤伍長以外全員死んだと確信したのだった。津川は他の可能性を全く考えることができなかったのである。

一月二十九日の東奥日報が大本営発表を伝えた。見出しにこう書かれていた。

「噫《ああ》至惨《しさん》！至惨！　雪中行軍隊の大椿事　全軍貮百餘の凍死」

捜索に使われた、雪壕での哨所（連絡所）の内部

記事の内容を抜粋すると、

「昨日に至り悲報は遂に全軍凍死の惨事を齎《もた》らせり嗚呼嗚呼、我東北の健児二百餘名は無惨にも積雪堆《たい》裡《り》に前途好望の身を埋め了《お》わんぬ」

とあり、後藤伍長以外の全員死亡を伝えた。そして、捜索の目的までも明らかにしてしまった。

「第五聯隊長は捜索隊が遭難者を救わんとするに急にして知らず知らず危険に陥いり又々救援隊の救援を要するに至らんを虞れ、全隊の殆ど凍死せること疑い無き今は捜索隊の目的最早救援というに非ずして死体を発見するに在れば、各自成るべく危険に陥いらぬやう互いに連絡を執らむしることを命じ……」（一月三十一日、中央新聞）

津川は世間に自らの浅はかな考えをさらしたのだった。それは我が子の無事を願う親たちにとって冷酷な知らせとなった。

大臣報告によると、

「二十八日は朝来風雪加うるに着手順序稍混雑の為め完全なる逓伝哨所を設置する能わずして、一部は田茂木野に他は幸畑村に帰還して休養せしめたり」

とあり、翌二十九日は顛末書によると、

「風雪の困難を冒して逐次哨所の位置を進め（哨所番号は田茂木野を第十六とし之よ

捜索のために設けられた、第七哨所の幕舎

り遭難地に進むに従い遡って第一に至る）二十九日第八哨所を設備するや茲に始めて悲惨なる遭難隊の埋設地域に達し」

とある。哨所の最先端となる第八哨所の開設場所は、後藤伍長が救出された大滝平で、ここは遭難地域の西端となる。遺体はここから南東へ三キロ余りにわたって分布していた。

本格的な捜索が始まったのは三十日からで、三十一日以降十六名が救出された。二十八日から捜索と拠点作りを同時並行に進めていたら、救出者はもっと多かったに違いない。

多くの新聞が聯隊長の緩慢な捜索を批判していた。例えばこんな記事がある。

「人夫を雇いて捜索具運搬せしめ、捜索隊をして哨所を設置せしめたるが如き事を為し、其間風なく雪なき天気なるに拘らず二十八、二十九日の両日は一の発見なく、三十日に至り三十余屍体を発見し三十日午前三浦、阿部の二生存者を発見し同日午後二時山口大隊長以下の生存者在るを発見したるが……神成大尉等を発見するまでの遅緩は兎に角……二十八日より大捜索を行わば生存者及び死体の発見せらるるもの猶お多かりしならん」（二月十一日、日本）

全くそのとおりだったが、津川はそれを認めることなく、根拠地を作ったことで続々と生存者及び死体を発見できたと居直っていた。

なお、三浦、阿部、山口大隊長以下の生存者の発見は三十一日が正しい。

生き残っていた将兵にとって、この二日間はいかに貴重な時間だったたか、三十一日以降に救出された将兵の数からしても明白だった。五聯隊のやることなすこと、ことごとく裏目に出ていた。それは全て聯隊長の状況判断が間違っていたからである。二大隊の被害を拡大させたのは、帰隊予定日を過ぎても何ら対処せず、遭難が判明しても二日間捜査をしなかった津川聯隊長なのだ。五聯隊の不幸は、津川が聯隊長として着任したときから始まっていたのかもしれない。

隊員家族も五聯隊の進まない捜索に不満が爆発していた。隊員家族は自ら田代街道を登り、捜索した。それに加えて野次馬も山を登ったらしく、一月三十一日以降は隊員家族も登山ができなくなってしまった。

田村少佐の大臣報告に、

「三十日は希なる好天気三十一日も午後より少しく風雪を飛すに過ぎざるを以て捜索比較的進捗し……」とあった。

三十一日九時頃、鳴沢第二露営地西三〇〇メートルの炭焼き小屋から三浦武雄伍長、阿部宇吉一等卒が救出された。

「そのうちワイワイ騒ぐ音がした。小屋のすき間から二、三十人の隊員が中腹を歩いているのが見える。三浦伍長が助けてくれと叫んだが、声にならない。それでもだんだん近づいて来た。私と三浦伍長は小屋からはい出て、二本の木を雪に刺し、それで体を支えて、すわったまま迎えた。涙が出てどうしようもなかった」

と、青森市史に阿部一等卒の証言が載っている。

同じ日、大滝平の崖に人がいるのが発見されたが、谷が深くて救出に難航した。二月四日の報知新聞に「山口少佐を救いし人夫の実話」がある。

「側に寄って見ると二人は将校方で二人は兵士でしたが……倉石さんは一番元気で『俺達は是迄出て来が此谷の下に大隊長も居れるから其方へ速く行て呉れろ』と……夫れから段々谷を下りて行くと渓川があって其水が青く瀧の音が鞺々《とうとう》と聞こえて物凄い所へ出た。其処に恐ろしい大岩がある其岩の隅に三人居った。其岩は川から二間ばかり離れて居るが川と大岩との真半辺《まんなかへん》に山口大隊長が屏風の様に積んだ雪にもたれて仰向けになり両足を出して憩んで居られるのを見付けました……大隊長は兵士の外套を二枚召して……藁靴はソックイ細工の様に雪の中に喰付いて仕舞ってなかなか取れない、軍医が来て靴を脱がそうとしても靴は鉄の様になって鋏刃などで切離すことが出来ず遂に鋸で切離しました……大隊長は何も仰しゃいませんモッコに入れて引上げる時に酷くさわると腕が痛いと仰しゃったようです……救い出した将校や兵士はモッコに入れて多勢かかり上から縄で引上げ第八の哨舎へ収容しましたが彼是夜の十時頃までかかりました」

ここで救出されたのは、山口少佐、倉石大尉、伊藤中尉、小原伍長、高橋房治伍長、山本一等卒、及川平助一等卒、紺野二等卒、後藤二等卒の九人だった。

顚末書では捜索計画について詳しく書かれていた。だが、救出状況は最初に救出された後藤伍長以外全く記載がない。全部で何名救出されたのかさえわからない。顚末書は三月に報告されたものなので、十分に書き入れる余裕はあった。初動のまずさ、つまり遺体捜索とした津川の誤りが問題にならないよう、意図的に記載しなかったとしか考えられない。

これとは別に、毎日の捜索状況が、十日ぐらいごとに文書で大臣へ報告されていた。その報告は主に捜索状況及び結果（回収品含む）だが、部隊運用、要人の視察、後方の状況、特異事項等広範多岐にわたる。例えば一月三十一日の報告にはこう書かれている。

「一月三十一日午前晴　午后雪天強風

捜索隊は前日の哨舎構築充分ならず半ば露営したるも幸にして患者を出すに至らず。

本日は半数を以て哨舎の構築に充て半数を以て捜索に従事せしむ
捜索の結果生存者山口少佐以下九名、死体水野中尉鈴木少尉以下三十四名発見
生存者の中、兵卒二名は炭焼小屋の中に他は谷底の岩窟の下に発見せり。岩窟は両岸絶壁の深谷底にありて救援困難を極めたり、就中山口少佐は重患なりしを以て之を引上ぐるに二百人を要し夕刻より午後十二時に亘り辛うじて第八哨所に収容することを得たり
倉石大尉、伊藤中尉は頗る健全にして他に助けられて歩行することを得る程なりも、山口少佐は身体衰弱手足凍冱辛うじて言語を発し得るの情態《ママ》なり。第八哨所に於ては生存者山口少佐以下を哨舎に収容し応急の手当を施し療養を加え本夜談所に休養せしむ
二十九日発見せる神成大尉の死体及び本日発見せる生存者の中三浦武雄、阿部卯吉の二名を屯営に搬送す」

この報告から複数の問題点が浮かび上がる。五聯隊が大規模に捜索を始めたのは三十日からだったが、これによると三十日も哨所の構築が行なわれていて、三十一日も捜索人員の半数が哨舎の構築に充てられていた。津川が死体捜索と命じたため、捜索する将兵に生存者を救出するという切迫感はない。

幸畑で遺体を搬送する兵士たち

遺体の搬送の光景。凍結した遺体は溶かされてから納棺された。
無言の帰隊となった

当日の生存者は報告で九名となっていたが、実際に救出されたのは鳴沢の炭小屋で三浦と阿部、大滝平で山口、倉石、伊藤、小原、高橋、及川、後藤、山本、紺野の十一名である。救出が夜半までかかっていたので、翌日の報告に入っているのか確認したが、二月一日は「捜索の結果得る所なし」とあった。単純な誤りだと考えられたが、重要な報告にしては注意が足りない。

あきれたことに、後藤伍長が救出された二十七日に、残置された神成大尉の遺体が、四日あまりたった三十一日になってやっと後送されている。しかも二十九日の捜索結果に「死体一（神成大尉）発見」と記載されていた。二十七日に残置した遺体を二十九日に発見したとし、三十一日に搬送するこの一連の処置は、五聯隊の団結、規律、士気の低さを表わしていた。残置した将校の遺体を早期に後送できたにもかかわらず、遺体を放置し続けた部隊が精強であるはずがない。

二月五日の讀賣新聞に、大滝平で救出され後送中の山本一等卒と捜索隊員との会話が載っている。

「余の聞き得たる患者の言は左の如し（問いは中尉其の他なり）

問、苦しからんが今直ちに田茂木野に着くから我慢して居れ、何か食べたいなら食べさせるから答、アアホントニ苦しい、他の人たちは火に暖まって居るだろうに、私は四日も五日も物を食わない、二度も雪崖を上がったのだからこんなになったのだ。今食わせるに宜いなら食べさせて下さい

……やがて中尉は粥の汁を勧めしに、彼は甘い甘いと頻に言い藤本曹長はどうしたと問いしに私の後から来たようだが死んだんでしょう、其の外何中隊の某も何中隊の某も皆んな死にました」

隊員をここまで追い込んだのは、捜索を遅らせた津川である。

演習部隊が屯営を出発してから十日目の二月二日、田代元湯に近い大崩沢の炭焼き小屋で長谷川特務曹長、阿部寿松一等卒、小野寺二等卒、佐々木二等卒の四名が救出され、田代元湯で村松伍長が救出された。この日は五名が救出されたが、以後の生存者はなかった。

この遭難で救出されたのは全部で十七名、その後経過不良で亡くなったのが山口少佐、三浦伍長、高橋伍長、小野寺二等卒、佐々木二等卒、紺野二等卒の六名だった。倉石大尉、伊藤中尉、長谷川特務曹長の三名は、軽度の凍傷だったため切断手術もなく、二月十八日に退院している。ただ、陸軍大臣から派遣された武谷水城一等軍医正の大臣宛て報告には、倉石大尉と伊藤中尉は左右大趾頭第三度凍傷、長谷川特務曹

長は左足踵と左大趾外側第三度凍傷と記載されていた。凍傷は軽度であっても簡単には治らない。見た目には何ともなくても、しばらくの間受傷部位にしびれが続く。

『青森市史別冊雪中行軍遭難六〇周年誌』によると、どうも三名は予想以上に重傷だったようだ。三名は凍傷が完治せず訓練ができなかったため、四月二十三日から捜索隊となっていたのだった。倉石大尉が隊長、伊藤中尉が第七屯所兵站部長、長谷川特務曹長が田茂木野兵站部配属となっている。

及川一等卒は下士卒の中で凍傷が一番軽く、手術による切断は手足の指先（末節）などで済んだ。残る七名の凍傷は重く、侵された手足は手術によって切断された。

伊藤元中尉は八名についてこう言っている。

「凍傷のため廃人同様の不具者となり」

その八名は九月十日に衛戍病院を退院し、同日兵役免除となった。入院中の四月二十三日から五月八日まで浅虫温泉に転地療養している。

小原元伍長は不満を口にした。

「中隊長も軍人、伊藤中尉も、長谷川准尉も皆凍傷に罹《かか》らないでしょう、それで評判がやっぱり悪いこともあったんですね。若い将校は全部死んでいるでしょう、中隊長も、伊藤中尉も日清戦争行っているでしょう、日清で凍傷に罹って傷の治し方なんか知っているんですよ……私の中隊長なんか、夜になると靴を脱いで一生懸命足を揉んでいましたからね」

経験の違いは確かに大きかった。倉石は革靴の上にゴム靴を履き、伊藤中尉は私物の厚いわら靴を履いていた。長谷川特務曹長は小屋の中で裸足に防寒外とうの毛皮を巻きつけ、その上を炭俵で包んでいた。この違いが凍傷の軽重を分けたのである。

救出された将兵は、後藤伍長を除くと、じっと同じ場所でほとんど動いていないことがわかる。

小原元伍長は話す。

「道に迷ったら動かないことですね、固まっている。それを動くというとかえって疲れるし、疲れるというのは一番いけませんね、疲れて眠くなるというのが一番いけませんね」

倉石大尉は隊員に「あまり騒がず静かにしていたらいい」と忠告していたらしい。倉石ら十数名が川べりにじっとしていたことで、九名が救出された。二十三日の出発から八日後の三十一日まで生存していたのであるから、演習部隊が当初から第一露営地でじっとしていたら、どれだけの将兵が救出されたことだろう。だが、演習部隊はやみくもに歩き続け、体力を消耗し大多数が斃れてしまったのである。

三月六日付で立見師団長は、陸軍大臣に衛生部勤務の概況を報告している。そのなかに、一月二十八日から二月二十一日までの捜索隊に発生した患者表がある。凍傷患者は五聯隊四十八名、三十一聯隊等の支援部隊は患者なしだった。五聯隊は捜索人員が多いこと、捜索期間が長いこと、事故部隊として多少の無理があったことを勘案しても、四十八対〇では五聯隊の衛生管理が悪かったと判断せざるを得ない。遭難始末の捜索隊患者表は、あきれたことに、傷病名をなくしていた。五聯隊新患三三四、三十一聯隊新患二となっていて、何人が感冒で何人が凍傷なのか全くわからない。そして、今までの凍傷患者数を示さずに、二月二十七日以降の凍傷は全く発生せずとしているのだった。つまり、五聯隊は捜索時における凍傷患者の多さを隠ぺいしていたのである。

第七章　三十一聯隊の田代越え

天皇上奏の嘘

五聯隊が多数の死者を出しながら田代をさまよっていたころ、三十一聯隊福島大尉率いる教育隊は、一名帰隊のほかは順調に行軍を続けていた。

一月二十日、弘前屯営を出発、小国～切明温泉～銀山～宇樽部～戸来と行進し、二十五日、三本木に到着した。編成は福島大尉以下三十七名で、それに東奥日報記者の東海勇三郎が同行した。ただ、そのうち一名はひざを痛め二十五日に下田から列車で帰隊しているので、三本木からは三十六名（記者を除く）となる。高木勉の『われ、八甲田より生還す』にこうある。

〈ここで初めての事故者が発生した。……三日目の行軍中に左ヒザの痛みを感じたことのある伍長だった。長尾見習医官が診断すると、左のヒザ関節が腫れあがり、歩行は困難のようすだった。「関節リュウマチによるもの」と、医官は隊長に報告した〉

だが、一緒に同行した東海記者が書いた記事の内容はそれと異なっている。

「伍長齋藤祐吉氏は凍傷にて足脹れて歩行容易ならす今日出立前に衆勧めて馬橇に載せて五戸に至らしめ五戸より汽車にて帰営せしむることとせり」（二月四日、東奥日報）

東海記者は齋藤伍長の症状を凍傷としていた。記事のなかに「五戸から汽車にて」とあったが、五戸に駅はなく最寄り駅は下田だった。

患者の発生状況は、見習医官の長尾健字と本間玄蔵の報告から知ることができる。

〈患者は行軍第五日に至り初めて膝関節炎を発生せり……爾後第八日田代村に向て行軍せしまでは、一名の患者なく行進せしも、田代山腹に露営し、翌朝出発せんとせしの際、既に多数の凍傷、結膜炎及気道の患者を発生し〉（高木勉『われ、八甲田より生還す』）

齋藤伍長が関節炎なのか凍傷なのかはわからないが、田代越えにおいて隊の約三分の一が凍傷になっている。手の凍傷は下士四名、足の凍傷は十名（下士八、兵卒二）いた。この受傷数には、手と足の両方とも受傷した者も含まれている。

この編成の主体は見習士官と下士候補生で、この行軍は彼らの教育だったのだ。教育において、被教育者に多数の凍傷患者を出したことは間違いなく、教官として福島は失格である。

二十六日は当初の予定で田代まで行くことになっていたが、途中の増沢に宿泊し二十七日田代と変更された。この変更が教育隊の生死を分けたのである。この予定変更について、泉舘元伍長の『八ッ甲嶽の思ひ出』にこう書いている。

〈数日来天候の険悪なるに鑑み、一気に山頂まで至る事の危険なるを察し、日程を変更して三本木より三里餘の増澤村に宿営することとし三本木町を出発した〉

福島を悩ませたのは、天候よりも田代街道を知らないということだった。準備のつもりで実施した昨年夏の行軍で田代越えはやっていない。だからどうしても道案内がほしかったのである。そのため福島は出発前に、とんでもない手を打っていた。

福島は行軍で通過する町村役場に休憩、宿泊、食糧、道案内等の協力依頼をしている。高木の『われ、八甲田より生還す』に法奥沢《ほうおくざわ》村役場からの返信内容が載っている。

「本月十三日付を以て、当村谷地《やち》の湯を経て八甲田山を越え、田代へ到達すべき通路の有無及目下通行の成否御問合の処、当村より八甲田方面を経て津軽郡に達すべき通路は大深内《おおふかない》村大字深持《ふかもち》支部増沢より田代を経、東津軽郡筒井村に達すべき一線のみに有之《これあり》、而して此線路は勿論谷地の湯より八甲田を越え田代に達するは、目下の積雪に到底通行せられざるものと被存候《ぞんぜられそうろう》、右、御問合に依り御回答候也　明治三十五年一月十五日　上北法奥沢村役場　歩兵第三十一聯隊下士候補生教育委員　陸軍歩兵大尉福島泰蔵殿」

上北法奥沢村は旧十和田湖町（現十和田市）で、八甲田の大中台以南で県道四十号線以西がだいたいの地区となる。

福島は、谷地温泉を経由し田代そして青森に到る経路を検討していて、その可否を役場に問い合わせていた。役場からの返事で増沢から田代を経由する経路しかないことがわかり、福島はこのときに行進経路を田代街道と決定したのである。

役場にとって福島の依頼は迷惑で、冬は雪で通行できないとして終わりたかったのである。だが、上げ膳据え膳の接待と道案内の支援を期待していた福島は常套手段を使う。改めて法奥沢村役場に手紙を送ったのである。そのやり方が『われ、八甲田より生還す』に書かれている。

〈先般申上候雪中の山嶽通過は、天皇陛下へ対し奉り、雪国軍隊の状況を上奏する、至大の演習なれば、地方に於いても、夫々ご尽力の程切に希望候也。追て、増沢へは、あるいは、一泊することに相成やも計難《はりがたき》候《そうろう》間《あいだ》、念の為申し添候

多分、この文面に驚いたのだろう。法奥沢村から、助役名で次のような懇切な手紙が返って来たが、福島隊出発後の発信で、福島隊長は見ていない。

今回、雪中行軍御試行之趣、御通知に依り、夫々、準備致し居り候、当日は歓迎の印迄に聊か酒肴を献じ度候間、当村字○の代へ暫時、御休憩の御予定にて御初途《ごはっと》相成《ありなり》

度《たく》候《そうろう》様《よう》願《ねがい》度《たく》。而して時機により増沢へ、宿泊変更も難計旨御通知に有之候ども同行は大深内村役場部内に属するを以て、直ちに同村役場へ連絡致し協力準備取計度候間御承知相成度、御中達候也　明治三十五年一月二十四日　法奥沢村助役目時三吉
陸軍歩兵大尉福島泰蔵殿〉

福島は天皇上奏の演習だとして、役場を恫喝したのだった。

助役の書簡には「御」の文字が溢れていて、悲壮感を感じる。酒肴を準備している、道案内は処置するとひれ伏してしまった。福島は天皇という言葉を利用して自分の思いどおりにしたのだった。福島にとって饗応を受けるのは当然だったのである。

それにしても、福島がいう上奏とは何か。

年に一度、国防計画、諸規則・制度の改正等を定めるため師団長会議が実施された。期間は一月から三月までの間において約一週間、東京の陸軍省に各師団長が集まって行なわれる。この遭難事故当時も師団長会議が行なわれており、立見師団長は上京していた。

師団長会議には、宮中で天皇が各師団長から師団管下の状況報告を受け、下問する行事があった。明治三十三年に立見師団長が上奏した内容「言上の控」が陸軍省肆大日記に残っている。その控えは師団定型用紙二枚からなり、ゆっくり読んだとしても

わずか十分ほどで終わる。内容は軍隊と地方官民との関係、軍隊と積雪の関係、人馬の給養、衛生、下士官制度からなる。雪中行軍に関する内容は、軍隊と積雪の関係に書かれていた。

「冬期間特に教育時期中、尤も緊要なる教育期間に於て積雪多き為め軍隊教育上不便を感ずるは昨年已に奏上せし処なり。本年は昨年に比し積雪寒気共に甚しきを以て一層困難を感ず、然れども各隊に於ては種々の手段を取り熱心教育に従事し以て此困難の為めに教育の不結果を生ずる無からんことを期せり。

冬期間に於て各隊は年々積雪の軍事上に及ぼす景況を知悉せん為め、種々の試験を施行し又特に各隊に命して施行せしめつつあり。然れども昨年の如きは例年に比し寒気積雪共に甚しからざりしを以て充分の結果を得ざりしも、本年は必ず稍や良好の成績を得るならんと信ず。尚お此種の試験は寒地軍隊の義務として後来も続て施行し、以て完全の結果を得んことを期す」

立見師団長は、雪によって教育が阻害されているが、種々努力して成果を維持していること、寒冷地部隊の義務として、各部隊に雪中おける軍事上の研究と訓練を実施させて成果をおさめられるようにしていることを上奏した。

内容は師団全般の概要で、福島がいう特定の部隊が実施した研究成果等を報告する場ではない。このとき、立見師団長は下問に備えて写真を準備していた。
「野戦砲兵第八聯隊一個中隊が基本射撃に係かる放列の景状及び過日出発したる輜重《しちょう》兵の行軍に際して整列したる景況を撮写したるが右は立見師団長が今回各都督及び師団長会議に列席の為め上京に付写真を添え雪国軍隊の動作等を陛下に上奏せん為め特に撮影をせしめたるものなるやに聞く」（明治三十三年二月十七日、東奥日報）
福島が上奏と騒いでいたのは、状況報告の補助的資料となる写真のことだった。それを裏付けるかのように、今回の行軍で福島は要所要所において写真撮影を実施した。
一〇〇年後の二〇〇二年に発見された新聞が、天皇上奏の演習とする福島の言動を疑わせた。
「此度歩兵第三十一聯隊に於て福嶋大尉以下雪中行軍の状況を調査し、完全なる記録を編製し其筋に報告すると云うが、此報告は天覧を辱《かたじけの》うするとの事なり、名誉なりというべし」（明治三十五年二月四日、東奥日報）
行軍前、福島は法奥沢村役場に「天皇上奏の演習」といっていた。それが行軍後になると親友の齋藤記者に「天覧」と書かせている。いったい天覧とは何か。
『われ、八甲田より生還す』にあったように、「雪中露営演習実施報告」記事が、偶然、天皇の目に止まったことを天覧としていた。それは上奏の資料とならなかった自らの研究を『兵事雑誌』に投稿したというのが実状だろう。

福島がいう天覧とは、天皇の目に止まるかもしれない雑誌への投稿をいっていたのだ。十一日後の記事がそれを裏付ける。

「歩兵三十一聯隊の雪中行軍は当時の我紙上に記せし如く……未曾有の快挙を演じたるものなるが行軍中各所に於て撮影したる写真は一見当時の実況に接するの想いあらしむる由なるが右は乙夜の覧に供する都合なり」（二月十五日、東奥日報）

乙夜の覧とは天皇の読書のことである。つまり、福島が天皇上奏といっていたのは師団長による状況報告のことではなく、天皇の公務外における読書に期待したものだったのである。それは『兵事雑誌』に投稿してからのことで、記事が掲載されるかは不明であり、また、天皇の目に留まるのかも不明なのだ。

福島がひとり騒いでいた天皇上奏、天覧の正体は、福島の妄想に過ぎなかったのだった。

これら一連の新聞記事に師団は苦々しく思っていたに違いない。師団長は五聯隊の遭難事故で進退伺を提出していたのである。その微妙な時期に、三十一聯隊の成功に関する記事は、遭難した五聯隊の問題を際立たせるだけだった。師団としては、福島に静かにしていてほしかったのである。しかし、福島は田代越えを成功していながら、師団に全く評価されないことに不満だったのだろう。さらに、齋藤記者に記事を書かせた。

「予報の如く茲に弘前歩兵第三十一聯隊の福島大尉の雪中行軍隊に関する五葉の写真は今回同聯隊より其の筋の手を経て天覧に供したりと云う」（三月十四日、東奥日報）

要するに雑誌に投稿したということなのだろう。だが、結果は上奏も天覧もなかった。

『われ、八甲田より生還す』にこう書かれている。

〈第八師団としては、福島隊の行軍は、明治天皇に上奏する、というほど力を入れていた演習であった。立派に成功もした……しかしながら、正しい評価が与えられたとはいえない。概していえば、福島隊の壮挙は、五聯隊の遭難事件の陰に次第に消えて行った〉

八師団が福島率いる下士候補生らの行軍を明治天皇に上奏するという話は、福島がいっているだけでそれを裏付けるものは何もない。

状況を読めなかった福島の言動は、とうとう師団を怒らせてしまった。その三月に歩兵第四旅団の副官という閑職に転出を命ぜられたのだ。当分の間静かにしていろということなのだろう。旅団は平時において必要のないものなので、大した仕事もなかった。福島は指揮する部隊も教育する隊員も失ってしまったのである。結局、福島の研究は強制的に終了させられたのだった。

たかりの行軍

ありもしない錦の御旗を掲げて、福島は行く先々で当然のように饗応を受けていた。福島をそうさせたのは陸軍である。陸軍は舎営と称して民家に宿泊する悪い習慣があった。一般に部隊の依頼で役場が宿泊する民家を割り当てた。その割り当てられた家が大変だった。寝具、食事等準備しなければならないからだ。

「油川町誌」（現青森市）に、陸軍が舎営したときの宿泊料が記録されている。

「明治三十三年……二月二十七日　五聯隊雪中行軍にて当村に一泊せり、大隊長宮原正人外二百十人、宿泊料将校一泊六銭、下士卒五銭」

油川は屯営から約一〇キロで、わざわざ宿泊するような場所ではない。陸軍は歓待を期待してそうしていたのだろう。

「新岡日記」の同じ三十三年にはこんな記述がある。

「二月二十二日……浦町着否や大和田行、三十一聯隊行軍にて旅店、客充満せり、米町、津幡宗三郎へ投ず一宿。宿料六十銭　酒二本二十四銭」

一概にはいえないが、軍隊が旅館に泊まれば一人六十銭、民家に泊まれば六銭で、その費用は十分の一で済む。民家とはいえ、旅館と同じように食事を賄い宿泊をさせるのである。寝具をそろえたり、ランプを買ったり、食事も自分らが食べられないようなごちそうを準備したり、酒、煙草を買ったりで、大きな出費となるのだった。煙草「ヒーロー」が三銭五厘、真鱈一匹二十五銭、米一升十二銭である。

五、六銭のはした金ではとても支出を補うことなどできるはずもない。なかには借金をしてまで歓待しなければならなかったのだ。これではまるで時代劇で村を襲う盗賊と変わらない所業ではないか。罪なことだが、陸軍はそれを止めることはなかったのである

天皇上奏と福島に恫喝されたあの法奥沢村の接待が、一月三十日の東奥日報号外に載っている。

「二十六日　此の日午前八時三本木の宿舎地を発す、宿舎は村長の厚意により安田たか、金崎勤五郎の二家にして清酒及び菓子一折を贈くらる……三本木に於ては軍馬補充部に至りて暫時の休憩を試みそれより進んで岩手山に登る……撮影を試む福島大尉と予とは氷柱の直きものを選んで杖に擬し一行と共に之れに加わる」

岩手山は明らかな誤りで倉手山である。新聞記事どおり福島大尉と東海記者が太い

ツララを杖にした写真が『われ、八甲田より生還す』の巻頭にある。その注釈に倉手山断崖とあり、本文には「奥入瀬川と熊ノ沢の合流するあたりで、これまた久しぶりに東海記者が写真撮影を提案した」とある。

ここは田代街道の入口付近で、西に進むとあの法奥沢だった。前日に調整でもしていたのか、写真撮影場所で法奥沢の役場職員らが合流し、食事を準備した場所へ案内した。

「同村小学校校長鈴木敏吉氏他の職員と共に生徒を引率し一行を村端に出迎えつつあり、一行の至るを見るや『三十一聯隊万歳』、『探検隊万歳』を三唱し尚大深内村と共同にて天狗煙草一個ずつを贈り尚お午餐を喫せるの時清酒と吸物とを饗せらる。暫らくにして又行くこと半里、深内小学校生徒は職員より引率せられて村端まで出迎へ『雪中行軍隊万歳』を唱う、尚お休憩所に同村の豪富なる小原金次郎氏方に休息を設けられ茶菓を饗せらる」

福島は雪中の行動を研究していたのかもしれないが、実態は「たかり」ではないか。教育訓練中の昼から酒を飲むなど言語道断である。下士候補生にとって二年連続して死の危険に直面させられた教育訓練は一体何なのか。福島の自己満足のためだけに利用されたのである。

間山伍長の日記にも、号外の記事と同じようなことが書かれている。

「午前十一時、川口新田字断の臺小笠原枩次郎方に村長隊を引き入れ庭に休憩所を設け、酒餅煎餅味相鶏の汁物 鯣《するめ》 新茶の待遇を受け各人に付き煙草の名大天狗一把宛奇《ママ》贈す。午后〇時十分出発し……熊ノ澤小原金治方に休憩所を設けられ新茶煎餅待遇せられ一時五十分其の地を発し」

これが福島の計画した行軍の実態なのだ。

『われ、八甲田より生還す』には、

〈午前十一時八分、段の台に着いてみると、積雪は二メートル一〇センチ……一同は段の台で昼食をとった〉

とあり、饗応を受けていたことは何も書かれていない。そして増沢での舎営は環境が悪かったとしている。

〈午後二時四十分、増沢に到着したが、戸数僅か五戸、人口三十人の小集落には、隊員に分け与える一枚の畳も寝具もなかった……土間にムシロを敷いただけの舎営は、露営に近いものだった〉

だが、行軍に参加した間山伍長の日記にはこう書かれている。

「午后二時三十分増澤村に到着せり、澤口徳右エ門方に舎営す。此の夜大深内役場よ

行軍中の31聯隊、先頭に嚮導2名がいる

1月26日、倉手山で休憩する31聯隊

り酒を待遇せり、尚お夜具迄でも処々より人夫を以て運搬せしめ此の所は戸数僅か四、五軒の小村なれども村長種々尽力して少しも不便かんぜざらしめたり」

高木が身贔屓《みびいき》するのはわかるが、何をか言わんやだ。

ところで、東奥日報の明治三十五年一月三十日号外は、昭和になってから発見されたらしい。二月四日の東奥日報は、一九〇二年の遭難事故からちょうど百年目の二〇〇二年に発見された。青森県史編さん事業で雪中行軍の資料を収集しているさなか、古本屋で発見されたのである。この二つの新聞が福島の悪行を裏付けることになった。

東奥日報は遭難事故当初の肝心な期間に欠号がある。それは軍の検閲によって処分されたからだった。検閲は東奥日報だけだったようで、地元紙ならではの記事に都合の悪いことがあったのだろう。

検閲の兆候はあった。二月六日午後、田村少佐は文書で大臣に報告している。

「新聞記者多数当地に出張しあり、この事件新きなること無きこと推応臆説を逞ある記載するものあり、之を取締に就ては師団に於ても大に注意し居れり」

軍、特に八師団は、新聞記事に目を光らせていたのである。田村少佐は陸軍省総務局機密課員だった。機密課の事務は「機密に属する事項」が第一にある。他に外国駐在員及び留学将校、翻訳に関する事項もある。この事から機密課は諜報にも関係していたのだろう。国民の動向を探るのもその一つである。実際に田村少佐は、その日の午前に遭難事故における岩手県下地方の状況を文書で大臣に報告していたのだった。

ちなみに、東奥日報のマイクロフィルムで、明治三十八年二月の全部が欠となっている。日露戦争における黒溝台会戦の状況が詳細に載っているはずだった。八師団はこの戦闘で将兵の半数以上が死傷している。従軍していた東奥日報の齋藤武男記者が記事を発信しており、死傷者の氏名や功績なども書かれていたはずである。そのすべてが消されていた。

嚮導に救われる

三十一聯隊の教育隊は、二十七日から二十八日にかけて遭難しかけた。それを救ったのは大深内村役場から依頼された嚮導である。それなのに福島は、嚮導に対し悪逆無道な振る舞いをする。

「過去二日間の事は口外すべからず」と封印した福島の悪行は、昭和になって明らかになる。それが苫米地吉重著『八甲田山麓雪中行軍秘話』（以下「秘話」という）である。生存していた嚮導から聞き取りをしてまとめたものだった。

大深内村民七名が依頼された道案内は、増沢から田代新湯までで日帰りの予定だった。

〈二十七日午前六時増沢を勇躍出発。……熊ノ沢川上流をさかのぼり凡そ二里程で俗称双股に達した。……九時頃同所出発双股の急坂を登ること十四、五町で中平に着くとき驚いたことに物凄い爆音が樹上を過ぎたと思うと天候が急変し風雪を伴い瞬く間に降雪で膝を没する現状になった〉

中平とは田代平の南にある大中台牧場（標高六六八・二地点）あたりだろう。間山日記で確認すると、結節の時間が秘話と多少異なる。秘話は二十八年前を思い出して書かれたものなので、間山日記の方が正確なのだろう。

「二十七日午前六時半増沢より田代を指して発進せる……午前十時二股に達す之れより『ヲナガ平』と云う処にして急嶮急坂」

「十一時急坂の中央に達す其の処にて間食を喫し尚お発進して午后一時十分田代山脈に於て昼食を喫し」

田代山脈とは大中台（標高七一五・三地点）のことだろう。ここを下ると田代平となる。

このときまでの困難な状況がこう書かれている。

「風雪激しく且つ前日の雪とは全く異りて恰も綿の如くなれば歩行の困難言う計りな

く三町位歩むに三十分を費す」

三町に三十分ならば一時間で六町、一町は約〇・一キロなので時速〇・六キロとなる。五聯隊が時速二キロ弱で行軍していたことを考えると、その斜面のきつさがわかる。

秘話を続ける。

〈雪を蹴りながら進む事二里余で漸く箒場（俗称）に辿り着いた。……風雪顔面に吹きつけ骨髄に達する様な痛さ。顔は少しも上げることができず前方の人の所在さえわからない。……吾等七名は道案内だからと云うので終始先頭に立たせられたが雪をこぎ進む事は一町と続かず、交互に先頭に立ち顔を伏せながらひたすら吹雪の方向へと進み少しも休めず〉

なぜ嚮導が七名もいたのか不思議だった。道案内であれば二人もいればいいはずである。

秘話では大深内村役場に道案内者若干名の依頼があったとしているが、村長らが準備したのは七名だった。困難が予想されて村長らがそうしたのか、嚮導らがそうしたのかはわからない。

ただ、『われ、八甲田より生還す』には福島大尉が嚮導を七名に増やしたとある。

しかもそれまでは一名ないし二名だったと書かれている。それが本当ならば、福島がラッセルのために多くの嚮導を役場に要望したことになる。つまり、自分らが楽をするためにそうしたということだろう。

間山日記は、その後、暴風雪と寒気が厳しくなったことを伝える。

「五歩位遅るれば忽ち一行を見失う已ならず、外套は凍りて羅紗の姓《ママ》質を失へ全然板の如くホキホキと折れ、午后七時頃に至るや凍傷の気味にて無感覚となり何処通行せんや一向方角を弁知せず止得ず……午后九時頃遂へに露営に決せり」

秘話は事件を伝える。

〈夜十一時頃漸く箒場より凡そ一里の地点に達した時、突然大尉は行軍中止を命じた。……兵士等に命じて雪を掘り穴をあけ雪の防風堤を作らせ焚火をしようとした。吾等七名もその恩恵に浴せるものと喜んだのも束の間以外にも隊長が命じていうには「是より新湯に行き湯主小山内文次郎を連れて来い。」と〉

新湯までは一キロあまりだったが、二股で休憩しただけで食事もとっておらず、疲労と空腹で踏み出す勇気もなかったと秘話にある。

軍隊が民間人に道案内を頼んだのはまだいいとして、軍人でもない者に斥候のようなことをどうして命令できるのか。それに加えて何の調整もしていない新湯の住人を連れてこいとは常軌を逸していた。もはや福島は絶対的な権力者となって暴走していたのだった。

仕方なく前進しようとした七人に、福島はさらにとんでもないことを言い放った。

〈携行品は全部置け、但し七名の中二名は此処におり五名で使いを果すように〉

携行品を残置させたのは、逃げられないためである。そして二名を残したのは、ひとつはやはり五人が逃げないように人質とした、ひとつは五人が遭難したり逃げたりしてもいいように道案内二人を確保したのである。福島は嚮導を奴隷のように扱っていた。

ところで、嚮導は休憩が一回だけで食事も摂っていないとしていたが、間山日記では間食と昼食が摂られている。

『われ、八甲田より生還す』にも、この日の食事が朝昼に餅と牛缶詰、夕に餅、午前午後の間食なしとなっている。そして備考に「殊に第八日餅を以て全日の食料となせるは之れ寄贈せられたる餅を各自携帯せるによる」とある。増沢を出発した日は八日目なので、教育隊が昼食をとっていたのは事実のようだ。

嚮導は日帰りの予定なので携行した食糧は一食分のみだった。秘話にこうある。

〈ワッパ入り御飯の外そば餅（炉蒸焼ナンバン味噌入り）いり豆若干等持参〉

おそらく弁当は服の内側に入れて携行などしていないだろう。嚮導が弁当を食べられなかったのは、食べ物が凍っていたからではないのか。その可能性は高い。

露営の状況が間山日記に書かれている。

「夕は〇下拾度を示す……一本の枯木を発見すたるを以て各人喜び其の傍を掘りて生木等を木の根に積み点火して一行環形になり互いに身体を推合りて暖を取り……漸く雪穴の中に入りて九死に一生を得へ、一方は教導に小屋を捜索せしめ漸く夜の明け方に於て発見す」

福島は嚮導を田代新湯に行かせておきながら、自分らは火にあたり暖を取っていたのだ。

嚮導の五人は二時間ほど新湯を探し歩いたが、見つけることはできなかった。だが小屋を発見し、そこで暖を取ることが出来た。

「吾等は生きて帰る見込みがあるだろうか？」

「吾等はこの侭では唯死を待つだけであるから彼等を残して増沢へ引返してはどうだろう？」

意見はなかなかまとまらなかったが、

「若し吾等五名が不幸にして途中遭難！と仮定すれば大尉等一行も同様無残な道を辿

るであろう、そうなれば彼等の消息を何人が世に伝えようか、伝える者がない。また吾等の事をも何人が家族に伝え得るだろうか途中命尽きて倒れる者があるかも知れないがすぐに引き返し一行を連れて来て此の小屋で一夜を明かそう」

という意見に一同が共鳴した。嚮導は福島の無慈悲な仕打ちを恨むこともなく善意で対応したのだった。

暗闇と猛吹雪のなか、深い雪を泳ぐように進み、一行の待つ赤川に向かったという。赤川とはどこなのか。

箒場から約一里北西に進んだ場所は現在の八甲田温泉付近である。近くを流れる空川の川床は赤茶色だった。嚮導がいう赤川とはこの空川に間違いないだろう。

福島に小屋の発見を伝えると、すぐにその小屋に向かうこととなった。途中少し迷ったが空が白み始めた五時頃に小屋に着いたという。小屋は狭いので、福島は半数交互に暖と食事をとらせた。

そのときの状況が間山日記にこう書かれている。

「皆々雪穴を走り小屋に入りて朝食を喫し勇気鼓舞しつつ出発の準備をなし……二十八日午前八時出発し野内出身の二等卒小山内福杢氏を先導す」

泉舘の『八ッ甲嶽の思ひ出』には道案内人の存在がない。

〈二組の斥候を出して湯小屋の捜索を為さしむ。斥候は午前六時頃露営地の東方約四百米に一つの小屋を発見して帰る。一同欣んで小躍せり……もし吾等が此の掛小屋に於いて多少でも休憩しなかったならば直後に来る氷山を踏破するとき悲惨の最後を遂げねばならなかったかも知れないのであったからである〉

嚮導のおかげで教育隊は命拾いしたのである。その恩人らを記録から消し続けた泉舘元伍長や従軍の東海記者に慚愧の念はなかったのか。

発見された小銃と遺体

〈二時間程休憩した。大尉徐《おもむろ》に吾等にいうに「最早新湯に行く必要はない。君等は此処から引返すよりはいっしょに青森へ出る方が便利ではないか」とのことばに一同は喜びそれに同意して午前七時頃同小屋を後に出発した相変わらず先頭を命ぜられて進むほどに雪は小降りになったが酷寒は益々加わり積雪既に身の丈を越すあり様で胸で雪を押しながら立ち泳ぎの状態で前に進んだ〉

福島がかけた言葉はやさしさから発したものではない。その魂胆は道案内とラッセルをさせるためだったのである。福島の人間離れした冷酷さからすれば、これはまだ

嚮導が見つけ、31聯隊の教育隊が休憩した小屋

れたままだった。

〈胸で雪を押しながら立ち泳ぎの状態で前に進んだ〉というのは誇張でない。間山日記にも「脇下に達する積雪を蹴り別け」とある。嚮導はラッセルという苦役を強制される序の口だった。

〈やがて途中の鳴沢から数町手前の小高い丘で軍銃の逆に立っているのをみた。大尉が渋い顔をしていった「どんな馬鹿が銃を捨てたのか」と憤慨のようす。吾等に命じてその銃を担がせて進むと又も一丁発見した。これをも担がせて鳴沢の峡をよじ登り小屋より北方へおよそ十五、六町（今の銅像の地点）に達した時は午後の四時頃と思われる〉

鳴沢の数町手前の小高い丘とは、五聯隊が最初に露営した場所から三〇〇メートルほど馬立場寄りの標高六七一地点あたりだろう。そこは八甲田山から下る稜線上にあり、向こう側に下りると鳴沢だった。軍の小銃が放置されていたことに、皆とまどいながら馬立場を越えた。

〈すでに案内者各自は疲労が甚だしく意識ははっきりせず……夢遊病者のように降りて行った。ふと黒色の物を発見し近寄って見ると凍死兵！是が五連隊雪中行軍遭難兵であった。（後刻判明）……しかし大尉の「手を触るるべからず」の命に空しく同情

しつつ山を下ること約一―二町、又数個の凍死体を目撃し同情の念を投げつつ下り続けた〉

嚮導の証言から、凍死兵は馬立場北側斜面にあったようだ。

銃と遺体については、間山日記にも書かれている。

「サイノ河原と云う処に来りずに不思議なる哉三十年式歩兵銃一挺発見せり、行くこと半里位にして頂上に達す。一町計り降るや又た三十年式歩兵銃一挺発見せり尚お降る事二町計して兵士二名凍死せるを発見す」

間山日記は、賽ノ河原以降で銃と遺体を発見したようになっているが、遭難始末にあった死体の位置から判断すると、嚮導の証言にあった馬立場の方が正しいようだ。

東海記者の記事にも、銃と遺体について書かれていた。

「兵士の死屍二個を発見せり、嗚呼是れ何者ぞ或は云ふ自殺者ならんと誰か図らん是れ予等と同じく雪中行軍の途に上れる五聯隊の惨死者ならんとは。然れども死屍は如何ともすべからず予は即ち傍に棄てありし軍銃二丁を肩にして山を下る」(一月三十日、東奥日報号外)

福島に率いられて田代越えをした間山元伍長、泉舘元伍長、従軍記者、嚮導のそれぞれが小銃を拾った、軍人の遺体を見たとの証言をしていたにもかかわらず、三十一聯隊は五聯隊と遭遇していない、疑問だとする説が、平成になるまで幅を利かせていた。福沢資料（秘話）の日程に誤りがある、軍の記録や福島大尉の文書にそうした事実がない、従軍記者は事件後口を閉ざしているなどがその理由だった。

ところが、平成十六（二〇〇四）年に大臣報告の「在田茂木野木村少佐報告」が日の目を見ることによって、遭遇なしの説はもろくも崩れ去る。福島が銃と遺体を見たことなどの供述が、起案用紙一枚半にわたって書かれていたのだ。

「田代より田茂木野に至る通路上の頂界線に於て三十式歩兵銃の雪中に立ちあるを見之れを収容せり……約千米突を進むや更に一丁を発見せり……八甲田山の東南麓を通過するとき通路の左右に各一人の兵卒凍死せるを見る」

そもそも馬立場付近は前嶽と馬立場に挟まれたあい路を通らざるを得ず、馬立場から小峠までの経路は稜線上なので通る場所が極端に限定されてしまう。五聯隊と三十一聯隊が遭遇する可能性は極めて高かったのである。

考えてみると、銃と遺体に関する複数の証言があったにもかかわらず、確かな根拠もない説で事実が消されてしまうのだからあきれてしまう。

しかし、福島の供述を知らない人は、これからもずっと遭遇はなかったと言い続けるに違いない。また、福島の供述があったとしても、三十一聯隊は五聯隊と遭遇していないと言い張る人もいるだろう。そして、真実と異なるさまざまな俗説は、この先もずっと生き続けていくことになるのだろう。

置き去りにされた嚮導

三十一聯隊の教育隊が、馬立場～賽ノ河原と進み、大滝平に到着したのは十八時頃だった。前日にはこの辺りで後藤伍長が救出され、神成大尉の遺体が残置されていた。さらに進むと進行方向に青森の灯りが点々と見えた。そのとき、福島は嚮導を斬り捨てるかのような行動をとった。

〈位置を知り方向を定めほっと安心したのも束の間大尉は意外にも「汽車賃なり」といつの間に準備したのか金弐円づつを七名に渡し口を一文字に結んでいった「過去二日間の事は絶対口外すべからず」と唯一言。無情にも吾等を置き去りにして隊員を引卒《ママ》し何処ともなく暗闇の中を出発して行った。同伴をすがることも出来ず吾々はただぼう然として失神同様となってしまった〉（「秘話」）

　青森の灯りが見えたことで、いっしょに青森までと誘った嚮導は、福島にとって用済みとなってしまったのである。彼らから受けた恩、彼らを青森まで連れて行く責任、福島にそんなものは微塵もなかった。もしかすると、五聯隊の捜索隊がいることを察知し、軍人ではない彼らがじゃまになったのかもしれない。福島以下の隊員は、茫然としていた嚮導を気にすることもなく田茂木野に向かったのだった。

ところで福島が嚮導に渡した金額に驚く。明治三十三年の雪割人夫（除雪員）の日当が三十四銭で二円はその五倍余りとなる。青森から彼らが向かう沼崎駅までの汽車賃が六十四銭で、残り一円三十六銭となる。決して安い駄賃ではなかったが、奴隷のように扱われ遭難寸前だったこと、後に凍傷で苦しんだことを考えると安いという以外にない。

嚮導七人は、やっとのことで田茂木野にたどり着いた。未明だったが、村は五聯隊の捜索隊で騒々しかった。食事と睡眠のため、とある家に宿泊を頼んだが、五聯隊の捜査隊が宿泊していたために断られた。それでも頼み込み、どうにか土間を借りることができた。鍋を借り木炭をもらい凍った弁当を煮て食事をとり、いつのまにか寝てしまったのだった。正午ごろ田茂木野を出発して、日本鉄道の浦町駅で列車に乗り、東北線沼崎駅（現上北町駅）で降りた。そこから八里の道を、七人は黙ったまま増沢に向かったのである。

〈我が家の敷居をまたいだのは三十日午前二時頃。家内に支えられて倒れるように家の中に転がりこんだが顔面は腫れあがり四肢は凍傷に冒され股引は脱ぐ事が出来ない。

仕方なく切り開いて脱ぐあり様である。……それでも生きて還ったことを家族等はせめてもの事として喜んだ。その後病者のように床に臥しなどして数日を経たが凍傷の手当の療法も判らぬうちに症状が悪化する者が続出した〉

快復せずに十数年、廃人同様に過ごし死亡した者もいた。彼らは福島に奴隷のように使われ、凍傷となりながらも、福島の言った「絶対口外すべからず」を二十八年間守った。そうした理由は、ただただ軍隊が怖かったのだ。

嚮導を置きざりにした教育隊は案の定道に迷い、やっとのことで田茂木野に到着している。

青森の灯りが見えた頃から田茂木野到着までを、間山日記にはこう書かれている。

「日既に暮れ如何ともすること能わず其とき幸にして青森市の電燈突然として見え、故えに其の方向に向えて前進すること五六時なれども道なきを以て誰一人として斃れざるものなり。神成らぬ我身天の助で道に出でたり、以て九死の一生を得て田茂木野村に翌朝二時十分着す。ほしい一食分を喫し初めて第五聯隊の惨事を聞けり」

生きて帰れたのは天のおかげだとしているが、それは違う。嚮導のおかげで生還できたのである。間山伍長は五聯隊が遭難したとの考えに至らなかったらしいが、それにはこんな事情があったのかもしれない。泉舘元伍長は小冊子で、隊員が幻覚に悩まされていたと書いている。

「昨夜来食事の不足と睡眠せざるに加えて相当の行程を行軍せしに依り疲労甚しく、眠りながら歩むもの、或は列を出でて熟睡するもの、又は列中にありて何等かのお化を見て叫ぶもの……無我夢中に進むのみなれば隊伍は乱れて延長し、先頭と後尾の連絡は困難な状態となった」

隊員は限界を超えていたが、生への執念で歩いていたのだった。三十一聯隊でそのような状態であるなら、それ以上に過酷な状況にあった五聯隊は推して知るべしだった。

田茂木野到着後の状況が、泉舘の小冊子からわかる。

「我等の到着を知りて指揮官福嶋大尉を尋ぬる伝令来り、大尉を案内して捜索司令木村少佐の宿舎に伴い其他の将兵は数名ずつ田茂木野村の戸々に武装の儘休憩することとなった」

田茂木野で五聯隊の一大隊長木村少佐は、福島から事情を聴取した。その内容をまとめたものが五聯隊の起案用紙二枚からなる「在田茂木野木村少佐報告」である。抜粋すると次のとおり。

「唯今歩兵第三十一聯隊雪中行軍隊司令福嶋大尉来訪該隊行軍の状況に付左の件々を

承知せり……増沢の土民六名を嚮導となし新湯を行進目標となせしも之を発見する能わず、午後九時頃雪中に露営せり……翌午前八時露営地出発途中田代より田茂木野に至る通路上の頂界線に於て三十式歩兵銃の雪中に立ちあるを見之れを収容せり、此時午後一時なりしか約千米突を進むや更に一挺を発見せり。既にして前進午後四時頃八甲田山の東南麓を通過するとき通路の左右に各一人の兵卒凍死せるを見る、其服装は背嚢なく唯背負袋を携帯せしのみ、内一名は確に喇叭手なりしが大尉は其等現象に対して理由を発見し得ざりしと」

この供述で嚮導の人数が、なぜ六名になっているのかはわからない。福島は行軍途中で兵卒の遺体を見たことについて、どういうことなのかわからなかったといっている。だが、福島は発見時、遺体に触るなといっていた。普通ならば遺体を確認するだろう。福島は軍銃が放置されていたことから、五聯隊の遭難にうすうす気づいていたのだろう。遺体に触って、五聯隊の遭難が確認されたら、何も知らないでは済まなくなると判断し、制止したに違いない。

泉舘元伍長は、小冊子でこう証言をしている。

「体半分埋もれたる兵士二名の死体あり、一人は喇叭手らしく今一人は防寒外套を着け居る為め等級は不明なりしも之れと数米突離れて斃れ打伏して顔はみえざりしも正しく軍装を整えたる兵士であったので一同は思わず異口同音に『五聯隊はやられた』と顔み合せて異様の感に打たれた」

泉舘伍長ほか一部の隊員なのかもしれないが、五聯隊が遭難したとはっきり認識していたのだ。軍装を整えたるといっていることから、肩章の数字「5」が確認できたのだろう。当時の下士卒が着ていた上衣の肩章は緋色で、その中央に白色の連隊番号が入っていた。

五聯隊の遭難に気づいていた福島がわからないとした理由は、何もしなかったことに対する後ろめたさと追及の不安があったからだ。それに田代越えの成果に傷がつくのを避けたかったこともあっただろう。三十一聯隊も遭難しかけ、ようやく田茂木野に到着したのだから、三十一聯隊にそれ以上のものを期待する方が間違っている。五聯隊は捜索が二日遅れ、その後さらに二日間捜索をしていないのだ。そんな部隊に何が言えるというのだ。

報告の最後にこうある。

「小銃二挺は当地に於て受領致候」

教育隊が拾った小銃は、田茂木野において五聯隊に返納されたのである。

聴取後、福島率いる教育隊は、青森市内に移動し旅館に宿泊した。翌三十日、福島は当初の予定通り行軍を続けようとしたが、友安旅団長に諭されまっすぐ帰営することになった。

「友安旅団長は一隊に語して曰く、第五聯隊の惨状を見る今日なれば一隊若し怪我等あらんには申分なからん。諸氏等は酷寒○絶壁峻険なる八甲田山を通過したる憤発と其気力に依りて見れば、何ずれの高山も何ずれの深渓も踰《こ》えられざるのことなきは既に証○得て余りあり。今日は最早予定通りを実行するに及ばずと切に之を止む。大尉意気は尤も盛にして猶お予定通りの梵珠《ぼんじゅ》諸山の進行を請う。去れども許されざるを以て遺憾ながら青森より浪岡を指して行進したるなりと」（二月四日、東奥日報）

福島は予定どおり実施することを強硬に具申した。どんな理由にせよ計画が完全に実施されないことには、せっかくの実績に傷がつく。福島には功名心しかなかったのである。それに田代越えをしたことで、福島の気持ちは高ぶっていたに違いない。だが、旅団長の命令に逆らえるはずもなく、福島率いる教育隊は、途中浪岡に一泊して、翌三十一日十四時三十分帰営した。営内では聯隊長以下の残留者一同に歓迎され慰労会も催された。

福島の無謀な冒険は多くの人々に災いをもたらした。それは全て福島の自己満足に起因している。このような人間を野放しにしていた三十一聯隊に大きな責任があり、立見師団長にも責任がある。特に立見師団長は福島の岩木山麓雪中行軍を評価していた。それが福島をつけあがらせてしまったのだ。

田代越えも成功した福島は、自分を評価しない師団を不満に思い、新聞を利用して自らの成果をアピールした。だが、遭難事故で苦しい立場にあった師団は、福島を黙らせるため三十一聯隊から転出させたのである。その転出先は、五聯隊の遭難事故で進退伺を提出していた友安旅団長の先任副官だった。

まっすぐ帰れと諭した友安に、予定通り行軍を続けると強硬な態度をとった福島。師団の命令で福島を引き受けた友安と、成果を出しながら閑職に追いやられた福島。二人の関係がうまくいくはずもない。一年半後の明治三十六年九月、師団と旅団の司令部から遠く離れた山形三十二聯隊の中隊長に福島は転出となったのである。

第八章　山口少佐死因の謎

二月二日二十三時三十五分、青森発の電報は、立見師団長が陸軍大臣に宛てたもので、電文は「山口少佐午后八時三十分死去す」である。山口少佐は一日に衛戍病院へ収容され、翌日亡くなったのである。

二月五日付で武谷軍医正が大臣に宛てた報告文書「生存者病況の概略」のなかに、山口少佐の経過についても記載されていた。

「二月一日収容、両手両足第三度凍傷　少くも両手両足を失うべき凍傷にして足は膝迄を手は肘まで強く腫脹しあれども脈及び呼吸悪しからず精神又昏乱しあらず、興奮の処置をなせり、仝日午后八時俄然呼吸及び脈不良となり心臓麻痺に陥り仝三十分死亡す」（陸軍省明治三十五年大日記附録歩兵第五聯隊雪中行軍遭難報告の部）

この報告は、通信帳の用紙に書かれており、おそらく郵送されたものだろう。内容を見ると山口少佐の死亡が二月一日になっている。

武谷軍医正はその大臣報告の前に、上司である陸軍省医務局長へ、山口少佐が二日夜に死亡したことを文書で報告していた。

「明治三十五年二月二日の所見に據る凍傷患者の予後に関する意見」（陸軍省明治三

生存者が収容された、青森衛戍病院の表門

十五年大日記附録歩兵第五聯隊雪中行軍遭難報告の部）の書類に、山口少佐の「生命上の予後」が「疑わし」となっていて、その左下にひとまわり小さな文字で「（二日夜死）」と書かれていた。報告文書をひと通り書いた後に、山口少佐死亡の知らせがあったため、そのような書き方になったのだろう。このことから武谷軍医正は、単純に山口少佐の死亡日を間違えて陸軍大臣に報告していたことがわかる。ちなみに通信帳の様式は、用紙の表右側に受簡者と発簡者などの欄、他にたての罫線で十三行、裏は二八×三四の方眼になっている。様式が少し異なるが、陸上自衛隊においても官品としてあった。

二月一日十五時に小原伍長が衛戍病院に収容されている。山口少佐も同じ頃に入院していただろう。昨日まで死んだとされていた山口少佐は生きて還ってきたのだが、各紙特派員はその日に、山口大隊長の容態が重く危篤だと本社に電報を送っている。

「山口大隊長危篤　一日青森特派員発　山口大隊長非常の重傷にて甚だ危険なり」

（二月三日、東京朝日新聞）

だが、山口少佐の夫人は面会に行かなかったらしい。二月七日の報知新聞にこうある。

「夫人は少佐入院後他の遺族の手前を憚《はばか》り面会にも赴かざりし」

天皇は、侍従武官宮本照明大佐を青森へ差遣《さけん》した。侍従武官が青森駅に到着したのは、二月二日朝である。

「本日午前八時直行列車にて来青中島支店に投宿せしが友安旅団長、山之内知事等を随えさせられ本日午后一時二十分歩兵第五聯隊に臨まれ……武官は遭難事務所を御覧ありたる後衛戍病院に臨ませられ、山口大隊長以下各自に対し汝等を慰問に来れり汝等宜しく軍医の言に従い一日も速く全快すべしとの聖旨の程を伝えさせられたり。夫より聯隊本部に立寄られ御休憩の後午後四時二十分頃兵営を発し中島旅館に御帰りありたり」(二月四日、東奥日報)

田村少佐も、侍従武官の慰問を陸軍大臣に報告している。

「宮本侍従武官只今当地に着し聯隊将校一同を集め優渥なる叡旨を伝えられ且生存将校以下に御菓子料を下賜せられる」(二月二日十四時五十五分、青森発)

同じ日の夕、複数の新聞記者が病院に慰問している。病室は奥から山口少佐、倉石大尉、伊藤中尉、下士卒三名、兵卒五名となっていた。山口少佐は危篤のため面会は許可されなかったが、それ以外の者は特に制約されることもなく面会できた。倉石大尉の病室に母親が面会に来ていたが、それに関係なく慰問は続けられた。夕方まで衛戍病院に大きな混乱はなかったようだった。

師団長会議出席中の立見師団長が、許可されて五聯隊に向かったのは、二月一日である。上野十八時発で青森着が翌二日十五時五十分の列車に乗り、五聯隊に到着したのは十九時頃だった。

師団長は津川聯隊長から状況報告を受け、隊舎内を回って現状を把握するとともに遺族や不明者の家族に挨拶をしていたに違いない。そして、救出された将兵が入院している病院にも向かった。

「立見師団長見舞いとして入来り四五間前きに現われたる時終に死去せり」（二月四日、日本）

どうやら山口少佐は、師団長が病室に入る前に亡くなっていたようだ。

山口少佐夫人も、夫の死に目に会えなかった。

「二日午後八時に至り容態俄に変じて危篤に陥り同三十分眠るが如く逝去せられぬ臨終の際病院より家族を呼び夫人禮子駆け付け来りし時には既に間に合わざりき」（二月七日、報知新聞）

病院内に山口少佐の死亡が伝わった。伊藤元中尉は口演の最後にこう話している。

「山口大隊長は二月二日侍従武官より御沙汰を拝してから死亡されたのである」

新聞によると、山口少佐は五日の時点で荼毘に付されていた。

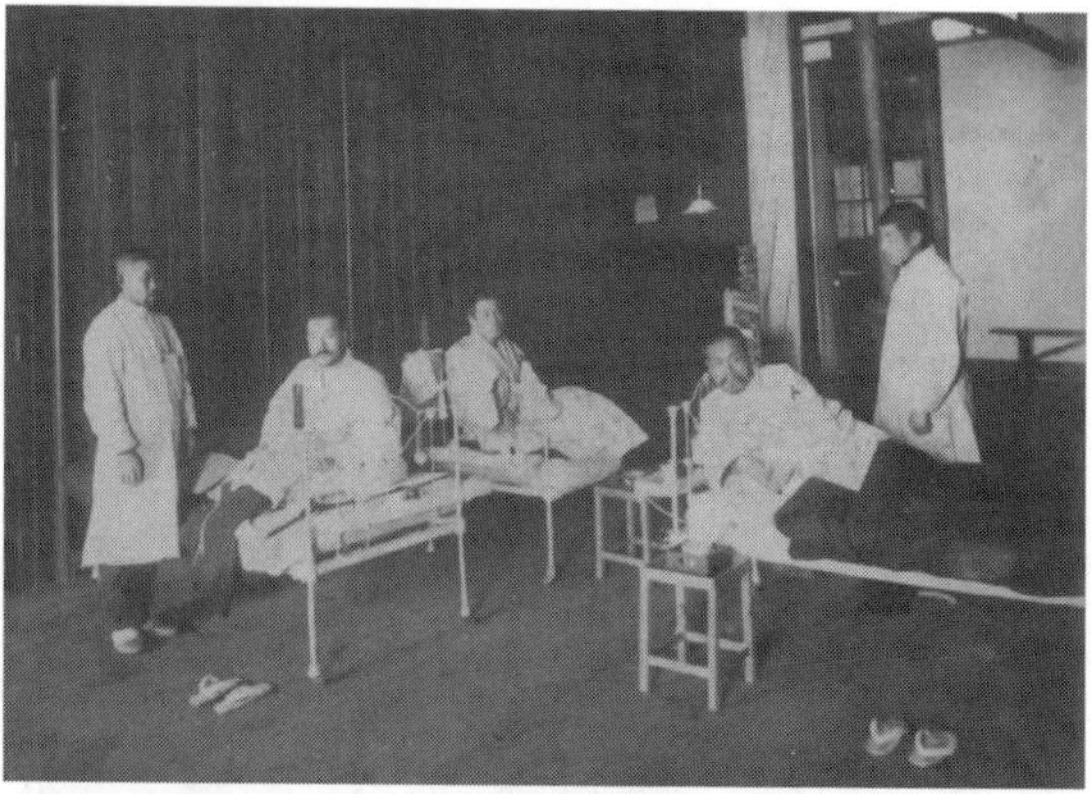

生存将校の病室。右から伊藤中尉、倉石大尉、長谷川特務曹長

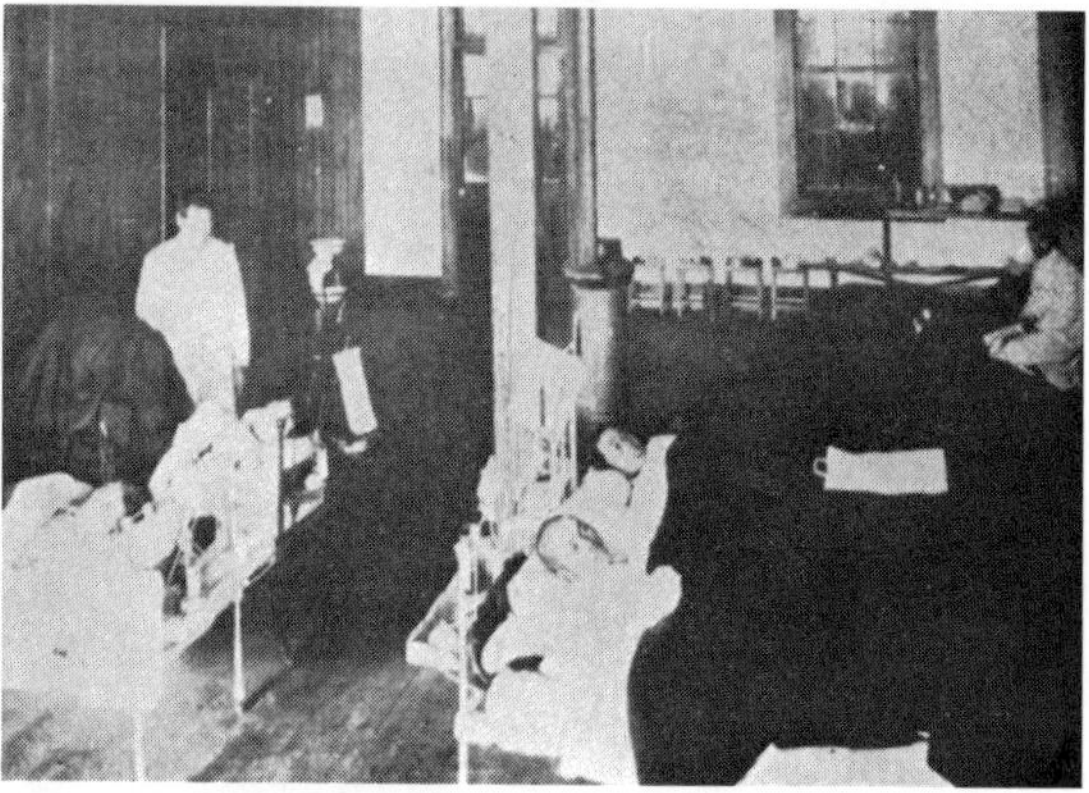

生存下士卒の病室。青森衛戍病院で

山口少佐の死因に関して諸説はびこった。その原因の一つに、事故当時、山口少佐の父が自尽《じじん》を勧めたとする新聞報道があったからだ。これに関して小原元伍長も証言していた。

「二月一日には陸軍病院に入ったわけなんですが、そのときまだ私らの組に入った人は四、五人生きて病院に来ましたよ。だけどもやっぱり、病院に入って間もなく亡くなりましたね。大隊長も生きて来ました。……ある時に、大隊長のお父さんから今度の二百人の行軍は、凍死させたのはお前の責任であるから、お前が不幸にして生存していたのは、腹を切れとかの手紙が来たというのを聞きましたがね」

小原元伍長は小笠原の取材で、この件に関して真偽はわかりませんとはっきり言っている。

小原証言には、山口少佐が自殺したという発言は全くなく、その気配すらなかった。裏話として、自らの中隊長だった倉石大尉の暴虐ぶりを忌憚なく証言しているのだから、山口少佐が自殺したのならば、隠すことなく話したはずである。

大隊長の父の存在について、二月六日の報知新聞は次の記事を載せた。

「某新聞の青森特報に郷里の父君より打電して氏に死を勧めたる如き一項ありしが本社員は氏の実兄なる成澤氏宅に就いて之を質せしに氏の両親は共に今より十年前に死

去し妻女なる実家にも母親のみに父親なく右特電は全く何かの誤聞なるべし云々とのことなりし」

報知新聞は、電報を出したとする父親が存在しないとした。

実兄の名字が成澤なのに弟はなぜ山口なのか。それは山口家に嫁いだ姉が亡くなり、山口家が絶家すると、すぐにその後を継いで山口姓を名乗ったためらしい。結局、父親の存在はなかったのである。タカ派の人々にとっては、山口少佐が責任を取って自決するという劇的なことを期待していたのだろう。

昭和になって最初に拳銃自殺説を唱えたのは小笠原弧酒だった。小笠原は山口少佐の親族から次のような証言を得たとしていた。

成澤氏が救出後の弟に会った際に、山口少佐が「武人らしく身の始末をする」と言っていたこと。

また、後備中佐でもあった成澤氏が津川聯隊長に会い「自殺したはずだ」と詰め寄ると、津川聯隊長は、

「山口少佐は武人らしく立派に自殺した。しかし自殺が公表されると生存した倉石大尉ら三人の士官もまた、大隊長だけの責任ではないとして後追い自殺の恐れがある。対露戦役が予測されるだけに、これ以上将兵の消耗は許されない。残念だが目をつぶ

ってほしい」

と話したということである。

青森駐屯地に入ると、すぐ右手に古びたレンガ色の建物がある。木造二階建てのその中央上部には菊の御紋、まさしく歩兵五聯隊本部の建物である。筒井の元あった場所から移築され、今は自衛隊の広報資料館になっている。そこに拳銃自殺説を裏付けるかのように、山口少佐の遺品である拳銃が展示されていた。

あの当時、将校の拳銃や軍刀は自弁である。山口少佐は遭難時に軍刀を携行していた。その軍刀は、山口少佐が亡くなった後の三月十九日、賽ノ河原で回収された。拳銃は携行品になかったので、大隊長の机にでも保管されていただろう。だとすると自殺するためには、拳銃を誰かが山口少佐に渡さなければならない。

実はそんなことはどうでもいいのかもしれない。拳銃自殺をしたとして、病院内に「パン」と鳴り響く銃声はどうするのか。銃声に敏感な軍人はすぐに拳銃だとわかる。近くには後年に証言する伊藤中尉、小原伍長、阿部一等卒、後藤二等卒らがいたのだ。彼らから山口少佐が自殺したという証言は出ていない。万が一銃声が聞こえなかったとしても、山口少佐の自殺を入院患者に知られずに済むはずもない。切腹についても同じことがいえる。

さらに言うと、拳銃自殺にしても切腹にしても、あるいは舌を噛み切ったにしても、遺体に痕跡が残るではないか。山口少佐が自殺したのならば、普通その痕跡に基づいた遺族の証言があるはずではないのか。自殺の裏付けが聯隊長の証言だけとなっていることに違和感は隠せない。もし小笠原が聞いたとする聯隊長の証言がなかったら、拳銃自殺の根拠は全くないのだ。

陸軍大臣による暗殺説

平成になると拳銃自殺説を否定し、陸軍大臣による暗殺だとする説も出てきた。秋田にも軍医がいるのに、わざわざ山形から軍医を派遣したのが一つの理由らしい。そしてその軍医が刺客だとしているのだった。

二月六日付で八師団長は、陸軍大臣に二月三日までの衛生部勤務について報告している。報告は、師団から五聯隊に派遣された前川栄二等軍医正によって作成されたものである。

「三十一日午前十一時過二名の生存者発見の報あり午後に至り続々発見の報告に接したるを以て直ちに最後方哨所に於ける軍医をして生存者発見地付近の哨所に派遣し……尚続々発見の模様あるを以て同時に師団司令部へ打電し弘前在勤の軍医看護長看

護手の出来得べき人員派遣を乞うと共に山形衛戍病院長に打電軍医一名を招致せり」

（報告の部）

山形に軍医を求めたのは前川軍医正であり、その時点で山口少佐が生存しているとはまだ認識されていなかった。それは田村少佐が陸軍大臣に発信した電報を見れば明らかである。

一月三十一日二十時四十五分の本文にこうある。

「倉石大尉伊藤中尉兵卒二名生存しあるを発見せり尚お他に生存者ある見込み」

そして、次の電報となる二月一日十一時三十三分の本文には、

「山口少佐は生存の模様但し確かならず」

とあり、この時点でまだ山口少佐の安否ははっきりしていなかったのである。

前川軍医正は田代の救出状況に対して、自らの判断で迅速に弘前と山形に支援要請をしている。ここに上から何らかの命令や指示が入る余地はない。またこの処置を、八師団参謀長が上京中の立見師団長に電報で報告した形跡もない。そうなると一月三十一日に陸軍大臣が暗殺命令を出したとする説は、その動機となるものが存在しない状況下、要するに、山口少佐は死亡したと認識されていた状況において、前川軍医正が山形に支援するのを見越し、なおかつ山形から派遣される軍医を特定して、暗殺の

指令を出したということになる。もはや開いた口が塞がらない。

ちなみに、青森で電話交換が開始されたのは明治三十八年である。つまり事故当時の連絡手段に電話はない。最も速い連絡手段は電信（電報）だったが、その伝達にはある程度時間がかかり、内容は電信従事者に筒抜けとなる。

山形より近い秋田に軍医の支援を要請しなかったのは、当時の秋田は大雪で陸の孤島となっていたため、軍医の派遣などできる状況ではなかったのである。それを裏付けるのが明治三十五年二月一日の秋田魁新聞だった。

「青森及び能代間の鉄道距離は僅に百余里で平常は約六時間を費やせば青森に達することが出来る、然るに今や此間は独り六時間にて到り得ざるのみならず一日若くは二日甚しきは数日を要せねばならぬというに至りては実に甚しき不便と謂《い》わざる可らずだ▲現に去月二十三日より二十七日まで能代より若くは青森より一回だも列車を運転して居らず恰も鉄道が通ぜざる当時と異らざるは実に何たるブザマの次第であるが而して此原因は一に雪の為めであるというに於ては宜しく相当の設備をなし除害せねばならずと思う」

この時期、能代から青森間の鉄道移動は期待できなかった。それに秋田から東能代まではまだ鉄道が開通していないのである。平成の今でも、青森と秋田の県境辺りでは大雪で列車が運休することがあるのだ。師団としては秋田からの支援は全く期待できなかったために、八師団管内で青森に支援が可能なのは弘前と山形しかなかったのである。

外に暗殺説の理由として、二月二日二時三分に師団長名で発信された電報のなかに、山口少佐を暗殺する密約の暗号があるとしているのだ。

その電報の清書した本文は次のとおり。

「今夕迄ニ発見セシ生存者将校三下士三兵卒六合計一二死者将校四下士五兵卒六二合計七一シジハシシカ死亡輸送」

暗殺説は本文最後の「死亡輸送」が暗殺の暗号だとしていた。

この電報の作業用紙ともいえる定型の「陸軍電信用紙」にはこうある。

「（コムマホハナ）セシセイソンシヤ（シルサイカオサイヘホロイコチ一二シシヤ）シルシイカオコロヘホ（）六二ゴウケイ七一）シジユソタイハロシヌ」

そっくりそのままに再現できないが補足すると、本文中の「ム」と「シルシイカオコロヘホ」中の「ロ」には濁点が付いている。本文中「六二」の前にある上向きカッコは、ギザギザ書きで訂正されている。また、本文左端の空白には「（シシ）死亡」と書かれ、下向きカッコから本文中「シジ」に線が引かれていた。

清書された本文と作業用紙に書かれていたカタカナの本文を対比させると、カタカナ文に意味不明の部分があるのは、電報に略語を使用していたからだ。本来カッコ内は略語となっている。例えば、「コム」は「今夕」、「マホ」は「迄に」、「ハナ」は「発見」である。だが、二つ目のカッコ内には平文の「シシヤ」があり、その直後にカッコに入っていない略語「シルシイカオコロヘホ」がある。さらに次のカッコ内に平文「ゴウケイ」がある。どうもカッコのくくりが誤っているようだが、ここまでは電報内容が問題なく受信できていたようだ。

問題は最後の「）シジユソタイハロシヌ」にある。この部分は略語なのでカッコでくくられていなければならなかった。受信した通信手は、途中でカッコの向きを修正しているが、それはカッコが不自然だったのを適当に直したのだろう。送受どちらが誤ったのかはわからないが、カッコのくくりを完全に誤っていた。

問題の部分を考察すると、「タイハロシヌ」は「第八師団長」なので、焦点は残る「シジユソ」となる。この電報を受信した通信手は「シジ」と受信したが、意味が通らないので「シシ」と判読し「死亡」としたのである。そして、それに続く「ユソ」が「輸送」なので「死亡輸送」とし、清書に判読の根拠「シジハシシカ」を記入したのである。

二月二日の田村少佐の電報を見ると、確かにカッコ内にあった「シシ」は「死亡」と訳されていた。

一般に電報で、用語にならない、文にならない場合はどちらかの通信手が誤ったか、通信状況が悪いかである。電信は信号音一つでも間違えると全く異なった文字になってしまう。そうした場合は、前後の文字、文から判読したりするのである。

通信手は「シジ」の部分を判読しているので、その部分が正しく受信できていたのか不明なのだ。二文字のどちらかが正しいかもしれないし、両方間違っていたかもしれない。あるいは送信者が誤って打って、受信者は正しく受信していた可能性もある。

その焦点となる部分に関して手掛かりとなる文書がある。陸軍大臣に定期的に報告されていた「捜索実施の概況」である。

この電報は二日の二時に発信されているので、二月一日の記事が対象となる。重要な箇所を抜粋すると、

「此日捜索の結果得る所なし……山口少佐以下九名の生存者並に中野中尉水野中尉鈴木少尉の死体を屯営に搬送す」

とある。

カギとなるのは「搬送」で、電報の「輸送」と意味が重なる。搬送したのは生存者

と将校の死体である。事件後の電報を見ると頻繁に「生存（者）」という用語は使用されていたが、略語となって使用されていない。おそらく変換する略語がなかったのだろう。そうなるとやはり「死亡」なのか。しかしそれだと、死体が電報の「将校四下士五兵卒六二合計七一」となり、将校だけを搬送した事実と異なる。

「死者将校四」は、先ほどの三名と前日三十一日に搬送した神成大尉である。この電報は、最後に将校の死体は搬送済みであることを伝えたかったのではないのか。

将校の略語は「シル」で一文字目の「シ」は受信文字と同じである。「シルユソ」は「将校輸送」となりこれだけではしっくりこないが、その前の電文が「死者将校四下士五兵卒六二合計七一」なので、将校の死者を輸送したのかと判断できる。

暗殺説は、「死亡輸送」を異質な四文字だとし、陸軍大臣と八師団長との間に取り交わされた「山口少佐を消す」という密約の暗号だとしている。だがその文字は、通信手の判読によって偶然できたものかもしれないので、暗殺の裏付けとしてはだいぶ頼りない。

電報処理について長々と説明したが、もしかするとそんなことはあまり重要でないのかもしれない。

実は、この遭難事故で八師団長名を使った最初の電報がこの電報なのである。立見師団長は、師団長会議参加中の二月一日に帰団を命じられている。そのため、それまで八師団は陸軍大臣への報告に師団長名を使用できなかったのである。二月二日になると師団長名を使って陸軍大臣への報告ができるようになり、早速電報を発信したのだ。

しかし、この電報について立見師団長は全く承知していない。だからといって、それは不正なことではない。捜索結果の報告など、参謀の決裁で師団長名発信ができただろう。

立見師団長はそのとき、青森に向かう列車のなかにいた。二月一日十八時から二日十六時頃まで列車のなかにいた師団長が、密約の暗号電報とするこの電報にどうしたら関われるのか。

山形の軍医にしろ電報にしろ、暗殺説は破たんしているようだ。

繰り返すが、武谷軍医正は陸軍大臣の幕僚である。その幕僚が山口少佐の死亡原因を偽って大臣に報告するはずもない。しかもそれは通信帳に書かれた文書で、いわば私信に近く、表向きの内容を書く必要など一切ないのだ。

結局、山口少佐死因の謎は、後に作られたものだったのだ。事実は単純明快で、山口少佐は心臓麻痺で亡くなったのである。

軽すぎた処分

一月二十九日の東奥日報を見ると、「背嚢及び銃身を焚」の大文字が目立つ。後藤伍長の証言から書かれた記事である。救出された阿部元一等卒も背のうを燃やしたと証言しているが、銃を燃やしたとする証言は後藤伍長だけである。銃の木部は乾燥すると割れやすくなるため、亜麻仁油を塗るなどして手入れをしており、当然燃えやすい。錯乱していたら燃やすこともあっただろう。

二月五日の田村少佐による大臣報告では、

「遭難者は銃を焼きて暖を取りし如く新雪に散見するも実際は小銃を焼たること未だ形跡なし只背嚢若干は其掛子を焼きて暖を取りしものの如し」

とある。このとき、小銃百八十九挺中七十六挺より回収されていない状況であったが、まだ焼いた形跡はなかった。普通の状態ならば、兵は死ぬとしても銃を焼くことはしない。銃の木部を焼いたとしてもたかが知れている。新聞からはほとんどの兵がやっていたかのような印象を受けたが、実際には一部の兵がやっただけのことなのだろう。ちなみに、「背嚢の掛子」とは倉石大尉が焼いたといっていた背のうの内箱であろう。

五月二十八日、最後の行方不明隊員が遺体で発見された。演習部隊が田代に向かって出発した日から四カ月余り経っていた。泳ぐようにして漕いだ雪は、日陰や凹地を除いてほとんど消え、一面はクマザサに覆われていた。

不明隊員の捜索を終え、そのけじめとして、立見師団長は六月九日、天皇、皇后に拝謁した。陸軍省『明治三十五年大日記附録　歩兵第五聯隊雪中行軍遭難事件書類緊急文書』に「言上の控」があり、冒頭にこう書かれている。

「臣尚文謹《つつしん》で奏《そう》す。曩《さき》に歩兵第五聯隊第二大隊雪中行軍に於ける遭難の惨事　叡聞《えいぶん》に達するや直ちに侍従武官を差遣《さけん》あらせられ優渥《ゆうあく》なる　聖旨を賜《たま》い次で祭粢《さいし》の料を賜わり後ち復《ま》た侍従武官を差遣あらせられ同聯隊の教育、補充、衛生等に就き具《つぶ》さに視察せしめられ給う　聖恩無量臣感激涕泣《ていきゅう》措く所を知らず……」

立見は、まず天皇から受けた恩に対し、お礼を述べていた。そして、この少し後に、

「二百有余の精鋭は……平時に於て斯《かく》の如き悲惨の経験をなさしめたるは臣不明の致す所誠に恐懼《きょうく》の至りに堪えず」

と、自らの不明を詫び、また最後のほうで、

「臣不明団下に斯くの如き惨事を起さしめ深く宸襟《しんきん》を悩まし奉り恐懼措く所を知らず」

と天皇に心配をかけたことを詫びた。

立見は一九九名の死者を出していながら、その本質が理解できていなかったようだ。陸軍の頂点にある天皇に対して、師団長として最初にしなければならないのは、一九九名の将兵を亡くしたことを謝罪することではないのか。しかも戦争ではなく、訓練中でのことなのだ。立見に師団長としての自覚や責任といったものは全く感じられない。将軍閣下になると、隷下の将兵は将棋の駒と同じで、死者一九九名など特段の思いなど湧かないのだろう。

同日、立見師団長、友安旅団長及び津川聯隊長に対する処分が下された。

歩兵第五聯隊遭難に関する取調委員は、陸軍少将中岡黙を長として七人の委員から成る。この委員のなかに現地へ派遣された田村少佐もいた。

この委員会の処分案は、津川聯隊長のみだった。大山参謀長は「啻《ただ》に懲罰に付するのみならず当該聯隊に長たることは之を避けるに如《し》かざるべし」として聯隊長の職も解けとした。これに対し野津教育総監は真っ向から反対し、「遭難後捜索の遅延せしは寧ろ師団長及び旅団長の責に属す聯隊長を懲罰に附するを要せず」とした。寺内正毅陸軍大臣も困ったことだろう。

「陸軍大臣は状を具し聖裁を仰ぎたるに委員の意見を御嘉納《かのう》あらせられたるを以て聯

隊長の待罪書に対しては師団長をして懲罰処分に付せしむることとし師団長の進退伺書には其儀に及ばざる旨を以て返附し及旅団長の待罪書は其侭返附したり」

天皇が下した判断は委員の案どおりとなり、師団長と旅団長にはお咎《とが》めがなかった。そして津川聯隊長は次のとおり処分された。

「処分

歩兵第五聯隊長陸軍歩兵中佐津川謙光

右は部下歩兵第五聯隊第二大隊が本年一月二十三日雪中行軍を為し不慮の災害に遭遇したるに際し速やかに救護の処置を為すべきに緩慢時機を失し遂に将校以下二百余名をして悲惨の極みに陥らしめたるは其職責を尽くしたるものにあらず以て左の如く処分すべきものと判決す

陸軍歩兵中佐津川謙光を軽謹慎七日に処す」

陸軍は遭難事故を不慮の災害とした。そして津川は救援遅延の責任が問われただけで、一九九名の命が失われたにしては余りにも軽い処分となった。その背景には、事故を穏便に処理しようとした陸軍上層部の思惑があったのである。ロシアとの戦いが目前に迫っていたし、清国に出兵した将官の馬蹄銀略奪事件が世間を騒がせていた。

津川には、遭難の間接的な原因となる三大隊の雪中行軍失敗を是正しなかった職務怠慢と、八甲田雪中行軍を自らのメンツのために命じた責任がある。保身のため、事故の事実を隠し偽って報告もしていたのだ。聯隊長を更迭され、予備役にさせられたとしてもおかしくない。この処分はとても納得できるものではなく、亡くなった一九九名の将兵は浮かばれない。

遭難始末に津川の序文がある。

「遭難者の為めに弔魂《ちょうこん》の典を挙くるに方《あた》り其始末を録して之を公にし一は以て死者の偉訓を永遠に伝えて其勇魂を慰め……其編纂の体裁と行文の美とは固《もと》より望むべからず唯事実を網羅せんことを勉めたるのみ」

偽りに満ちた大臣報告、顚末書及び遭難始末のどこに事実があるというのだ。津川には反省のかけらもなかった。

エピローグ

二大隊が八甲田で遭難した原因は何か。

猛吹雪で寒さも厳しかったが、同じ時期に三十一聯隊は十和田湖東側の山岳地を行軍し、田代街道を踏破したのだから、気象を原因とするのは難しい。橇は部隊の前進速度を著しく低下させ、そのため途中で夜になってしまい、露営することになったのだからその影響は大きい。だが、それよりも重大なのは、誰一人として田代新湯を知らないし、田代街道もよくわかっていなかったことにある。ここでの訓練や偵察はやっていないし、地図もないのだから経路がわかるはずがない。経路がわからなければ遭難するのは当たり前である。

田代新湯に到着できなくとも、露営がしっかりできていたら死亡者はなかったかもしれない。だが二大隊は穴が掘れず、雪の上で炭を起こすなど、露営に関してあまりにも未熟だった。食糧や燃料があったにもかかわらず、それを生かすことができなかったのである。また、大隊に円匙が四十八本ありながら、たった十本しか携行しておらず、見積不十分、訓練不十分だった。

遭難を決定づけたのは、猛吹雪で進む方向さえわからないのに、部隊を前進させた山口少佐の判断だった。冬山に対する認識不足、経験不足である。

はっきりいって、二大隊は田代で訓練できる練度になかった。つまり、事故の原因は二大隊の訓練不足にあったのである。そして、その訓練不十分な部隊に田代へ行軍するよう命じたのは、聯隊長の津川であり、その動機はライバル三十一聯隊に対抗したものだった。さらにいうと、五聯隊がまともに訓練できていないのは、津川が各大隊の訓練管理を怠っていたからだった。中身は何もないのに「伝統の五聯隊」という名門意識の上に胡坐をかいていたのだ。

生存者で最上級の倉石大尉が、『偕行社記事』に投稿した文のなかで、第二大隊の遭難原因にふれている。その大意は、「露営の設備が不完全で翌日に適切な処置をとることができなかったのは、結局将兵の経験が乏しかったからだ。勇気にくじけて作業を進めなかったために遭難への第一歩を演ずるに至らしめたのだ」ということであった。

新田次郎は『八甲田山死の彷徨』で、この遭難事故の最大の原因は、「日露戦争を前にして軍首脳部が考え出した、寒冷地における人間実験」とした。

また、『私の創作ノート』では、

〈八甲田山の悲劇の取材をしている間につくづく感じたことは、二つの聯隊に雪中登山競争をさせた当時の第八師団の首脳部の思慮の浅はかさであった〉

としている。

しかし、師団あるいは旅団は、五聯隊と三十一聯隊に八甲田で訓練しろと命じていないのだから、第八師団の首脳部が考え出した人間実験だとする論は的をはずしている。

くどいようだが、この八甲田雪中行軍は福島大尉が考え出し、それに対抗した津川聯隊長が二大隊に命じたものである。功名心の強い福島と、津川のメンツによって引き起こされた演習なのだ。二大隊が八甲田でやらなければ、遭難することはなかったのである。

青森の五聯隊内において、編成準備をしていた三十一聯隊が、弘前の真新しい兵舎に移駐したのは明治三十年八月だった。翌年から五聯隊と三十一聯隊の雪中訓練が活発化する。

そんななか、功名心にはやる福島の冒険を師団長が評価したことで、福島が八甲田山に照準を合わせたのは間違いなく、その点で師団（長）には非があったといえよう。

＊

明治三十七（一九〇四）年二月、ついに日露開戦となった。翌年の一月二十五日、大山総司令官の命令により、八師団は黒溝台《こっこうだい》を攻撃することになった。零下二十度を超える酷寒積雪のなかで、八師団は激闘を繰り広げた。ロシア軍の圧倒的な兵力と砲火力によって、八師団の攻撃は苦戦した。

五聯隊は二十六日正午過ぎに蘇麻台《そまだい》を占領し、二大隊は蘇麻台西六、七〇〇メートルの丘に進出した。敵の砲撃は激しさを増していたが、我が砲火力援護がないこの正面は、五聯隊の死傷者だけでも五百名以上に達していた。

二十七日十三時三十分、約一個大隊の敵が聯隊左翼を襲った。このときの戦闘で津川聯隊長の右大腿部を弾が貫通したが、津川は指揮を続けた。二大隊長の塚本芳郎少佐は二弾を受けながらも奮闘した。十五時になると敵の圧迫はさらに強くなり砲撃も激しくなって、五聯隊の後方にいた三十一聯隊の二大隊がほぼ全滅して蘇麻台に退却した。そのため五聯隊は孤立し、周囲の敵と戦うことになった。塚本少佐ら重傷者は死者の銃をとって防戦し奮戦したが、敵弾は激しく将兵は次々と倒れた。塚本少佐も身に六弾を受けて壮絶なる最期を遂げた。遂に聯隊長は現在地を保持できないとして、蘇麻堡《ほう》に二大隊及び予備の二中隊を退却させた。

ここにおいて、津川聯隊長は銃創の痛みのために、聯隊の指揮を一大隊長の井坂藝少佐に委ねて自らは後退した。

三年前の今日、津川聯隊長は遭難した二大隊と連絡がついたとして、いつもどおり官舎に帰った。二大隊長の塚本少佐は、まるで遭難した二大隊の名誉挽回とばかりに奮闘し戦死した。人生の不条理さを感じずにはいられない。

翌二十八日午後、五聯隊主力は再び黒溝台に攻撃開始。猛烈な敵の銃砲火によって多数の死傷者を出したが、二十時黒溝台西南の独立廟を奪取した。この日の戦闘が一番激しかったらしく、大尉以上はことごとく死傷し、一大隊はあの三神中尉が指揮を執ったという。津川は、第一線に立って聯隊を指揮することはなかった。

この日第二師団、第三師団、第五師団の一部が逐次戦闘加入した。これにより形勢が逆転しロシア軍は退却したのである。

二十七日の戦闘で五聯隊の第三中隊長倉石大尉は戦死、二十八日の戦闘で三十二聯隊の第十中隊長福島大尉も戦死した。奇しくも二人はちょうど三年前のその日、八甲田の山中で猛吹雪と闘っていたのだった。

日露戦争後の明治三十九年七月二十三日、馬立場において銅像除幕式が挙行された。参加者には、津川少将、伊藤大尉、後藤元伍長、神成大尉の未亡人及び遺子らがいた。あの津川は少将になっていた。第五聯隊長の職を解かれ、第八旅団長に命じられたのだ。翌日の夜行で新任地姫路へ向かう予定だった。

ラッパの吹奏後、津川は奉告文を読み上げた。

「明治三十九年七月二十三日歩兵第五聯隊は明治三十五年雪中遭難記念碑の除幕式を挙げられ謙光は前任者として特に当時の責任者として之に参列せり……像の後藤伍長を採りしは予が最も挺身し来り救援隊之を収容して事の真相を知り得たるを以て也」

津川は何を挺身したというのだ。津川は処分理由を忘れてしまったらしい。「速やかに救護の処置を為すべきに緩慢時機を失し」と明記されていたではないか。

そばにいた後藤伍長は、津川の捜索遅延によって重度の凍傷となってしまい、両ひざ下と両手の指を失っているのだ。そのため職業軍人の道に進めず除隊となってしまったのである。この除幕式には義手義足をつけ、人に助けられながら参加していた。ここに参加していないが、他の生き残った下士卒も後藤伍長と同じような状況だった。下士候補生の身体検査に合格するほど丈夫な体が、不自由となってしまったのだ。そのつらさは、はかり知れない。津川に自責の念は存在しないらしい。

軍はその津川を少将に昇任させ、第八旅団長を命じた。要するに栄転である。訓練で一九九名を死亡させても、津川の評価には全く影響しなかったのだ。これは軍上層部にはびこっていた無責任体質がもたらした結果なのである。

＊

陸軍が強く推し進めた遭難者の靖国神社合祀については、寺内陸軍大臣が桂太郎内閣総理大臣に閣議で決定するよう申請したが、内閣書記官長は前例がないとして陸軍総務長官に書類を突き返している。遭難事故死は、敵と戦って死んだ場合に比べ、その意義が異なるということらしい。

合祀ができない知らせは、明治三十七年四月十三日付の私信で、陸軍大臣から第八師団長へ達せられた。

「靖国神社に合祀の儀閣議の決定を請い候も今般内閣より右合祀の儀は前例なきの故を以て合祀難運旨申来り候間乍《ながら》遺憾右様御了承相成度存候也」（陸軍省明治三十五年大日記附録歩兵第五聯隊雪中行軍遭難事件書類）

はたしてこの結果は、遺族に周知されたのだろうか。疑問は残る。

話がわきへそれるが、この明治時代の判断は昭和において生かされなかった。今、靖国神社に閣僚らが参拝するたびに、中国や韓国から要らぬ抗議を受けているのは、合祀の本質である戦死というその意義をおろそかにして、A級戦犯を合祀したためではないのか。

残念ながら、位の高い人は死んでからもなお優遇されるということなのだろう。

小原元伍長は、三十一聯隊の田代越え成功についてこう証言した。

「三十一聯隊は行ったことは行ったけどあのときでなかったらしいですよ。翌年だか翌々年だかともかく私らのときの行軍の失敗をちゃんと世の中で分かってからやったらしいんです。だから、準備も良かったんですよ。案内者を付ける……」

五聯隊は情報統制をして、生存の下士卒には雪中行軍に関する一切の情報を伝えなかった。三十一聯隊の成功を知れば、手足を切断された生存者は憤懣やるかたない思いをしただろう。もしかすると、知らなかったことで少しは救われていたのかもしれない。

小原元伍長は遭難事故の意義を見出し、自らをこう納得させていた。

「あれが為になったんでしょう。日露戦争で勝ったんですよ。防寒具から何から全部変わったんですから」

そう思わないとやりきれなかったに違いない。

小原元伍長は最後にこう話した。

「助かったというのがやっぱり丈夫なとこあったんでしょう。まあしかし、自分の力では到底生きることはできないと決意したものですから、今時おかしいけれども神様に助けられたとそう思っています」

小原元伍長は除隊後、一時、役場に勤めたり駄菓子屋を営んだりした。けれども、手術痕が悪化し入院、療養所生活を余儀なくされた。その人生を回顧すれば、無念な思いで苦しかったに違いない。

小原元伍長は昭和四十五（一九七〇）年二月五日に九十一年の生涯を閉じた。遭難事故の救出から六十八年経っていた。

八日、小田原市で告別式が行なわれた。二月九日の東奥日報にこうある。

「八日午前九時から同市で告別式が行われたが、時を同じくして青森市でも八日幸畑陸軍墓地で、陸自青森駐とん地第五連隊や地元関係者が参列して追悼、小原さんのメイ福を祈った……悲報を聞いて青森駐とん地第五連隊が追悼を思いたったものだが、これに幸畑史跡保存会、地元幸畑部落が協力、小田原市の告別式と同時刻に追悼式を行なうことにした」

ここに小笠原弧酒も参列している。小笠原は、小原さんが亡くなる少し前に取材をしていた。そのとき、小原さんは自分が死んだ後のことを小笠原に頼んでいる。

〈「自分は余命いくばくもない身です。ずいぶんと長生きをしました。死んだら、仲間が眠る幸畑の陸軍墓地に骨の一片なりとも埋葬して下さい。その手続きと実行をお願いしたい。あそこからなら八甲田山と駐屯地の両方が見えます。先に逝った仲間とも語り合えます。分骨のことは家族にも遺言しておきますから……」

小原は両手を合わせて孤酒を拝んだ。

「引き受けたよ、小原さん。万難を排しても埋葬できるよう約束する。ただし、ぼくの本が出るまでは元気でいて下さい」〉（三上悦雄著『八甲田死の雪中行軍真実を追う』）

小原さんが亡くなった翌三月、五連隊の隊員十三人が出迎える青森駅のホームに、小原さんの遺骨を抱いた小笠原孤酒が列車から降り立った。

「遺骨は同市浜田、見性寺（溝口光倫住職）に仮安置され、雪解けを待って、十人の生き残り隊員の眠る幸畑陸軍墓地に安置されることになっている」（三月二十七日、東奥日報）

幸畑陸軍墓地は高さ二メートルばかりの土塁に囲まれ、その上に高さ五メートルにもなる多行松が七十本ほど植えられていた。正面は山口少佐を中心に将校の墓標が並び、その前面には特務曹長以下の墓標が建っている。将校の墓標が並ぶその右端に、生存者十一名の合同碑がある。昭和三十七年の雪中行軍遭難六十周年記念事業として新しく建立されたものだ。

雪もすっかり解け、陸軍墓地の桜もだいぶ散った五月十日、小笠原は万難を排して小原さんとの約束を果たした。

「小原忠三郎さんの遺骨が十日、十人の生き残り隊員の眠る青森市の幸畑陸軍墓地に埋葬された」（五月十一日、東奥日報）

埋葬式には小原さんの親族も列席している。墓碑に「故陸軍歩兵伍長小原忠三郎」と刻まれていた。

小原伍長は二〇九名の仲間になんと話しかけたのだろうか。「最後尾異状なし！」とでも報告したのだろうか。

＊

平成二十三年三月十一日の東日本大震災のとき、私は東京から増強幕僚として仙台の東北方面総監部に派遣された。自衛隊の捜索活動を取材するマスコミ対応で、ある海岸に行ったとき、浜辺にポツンと立つ石碑を見つけた。海に向かった面には「昭和三十五年五月二十四日チリ地震津波被災の地」とある。裏には「昭和三十五年五月二十四日黎明を破って来襲した津波は……各堤防を決壊し怒涛と化して揚陸せり……倒壊家屋一戸、浸水家屋二十数戸和船十数隻大破し、電話、電灯の送電架線柱の倒壊、断線により……孤立化せり……茫然自失あるのみ……」旨刻まれていた。東日本大震災では、この地区で三十一戸が全壊、三人が犠牲となった。

三陸沿岸にはこうした石碑が他にもある。

東北地方整備局作成の津波石碑一覧シートによると、青森県三沢市から宮城県亘理郡山元町までの三一七カ所に石碑があった。

岩手県の浄土ヶ浜で偶然見つけた石碑「大海嘯《おおつなみ》記念」は、昭和八年の地震で発生した津波被害の後に、義援金などで建てられたものである。碑文にはこう刻まれている。

「一大地震の後には津波が来る
一大地震があったら高い所へ集まれ
一津波に追われたら何処でも高い所へ
一遠くへ逃げては津波に追い付かる　常に逃げ場を用意して置け
一家を建てるなら津波の来ぬ安全地帯へ」

これらの碑は犠牲者の鎮魂と、二度と同じような悲劇が繰り返されないよう教訓を後世に伝えるために造られたのだろう。それが月日の流れとともに色あせ、人々の意識も薄れていった。災害の後に生まれた人に、その重要性が認識されにくいこともあったろう。

東日本大震災による死者・行方不明者は一万八〇〇〇人あまりで、そのほとんどが津波によるものだった。沿岸部にあった建物は津波によって破壊され、町はがれきを残して消えてしまった。はたして七十八年前の教訓は生かされたのだろうか。

東日本大震災から五年余り経った平成二十八年十一月、福島県沖を震源とする地震が発生した。東日本大震災以来の大きな地震で、津波は一メートル余りだった。NHKの番組によると、このとき沿岸部に住んでいた多くの人々は、さまざまな理由で避難しなかったらしい。また、車を利用して避難した人は渋滞に巻き込まれていた。

やはり人は危機意識を持続できないようだ。

昭和五十年代後半、五連隊の八甲田演習に上級部隊から注文がついた。行進だけでは訓練にならないとして、戦闘行動が実施されるようになった。そのため、部隊は田代地域で戦闘展開をするようになった。

昭和六十年の八甲田演習で遭難騒ぎが起きる。その朝、隊員は外に出ようと天幕のチャックを開けてびっくりした。降雪で雪の壁になっていたのである。雪を突き進んでいくと、外はゴォーと凄まじい音で吹雪いていた。

情報幕僚は、天候上戦闘行動は無理だと具申したが、強行された。暴風雪で視界がきかないなか、部隊は大中台に向かって前進した。一部の部隊は朝から連絡が取れず、行方不明となっていたため、演習は途中で中止となった。夜遅く行方不明の部隊と連絡が取れ、全員無事に帰隊できたらしい。

しばらくして、その行方不明となった部隊にいた隊員が、退官パーティのスピーチでこのようなことを話した。

「自衛隊生活で一番怖かったのは八甲田演習で遭難しかけたことです。あのとき、自分はもう死ぬと思った……」

よほどのことだったのだと胸がつまった。

現代の八甲田演習は、雪上車、スノーモビル、スキー、無線機、天幕、ストーブ等装備している。それでも八甲田をよく知らない関係者が、欲張って目新しいことをやらせたり、指揮官が天候を侮ったりすると、明治の遭難事故と同じようなことが起こる可能性がある。

ところで馬立場の記念碑は、鎮魂のほかに後世に何を伝えるのか。

碑文には、大風雪が三昼夜続いたために、道を失い飢え凍え斃れた、というようなことが刻まれ、五聯隊の遭難事故は天候による災害としていた。

だが、それは違う。二大隊遭難の実態を簡単にいうと、

「無能な指揮官の命令によって、登山経験のない素人が準備不足のまま知らない山に登山をした」

ということなのだ。

事実を隠し偽った事故報告に教訓はない。

だが、もしかするとこうもいえるのかもしれない。真実を伝えたところで、その教訓は生かされることはなく、悲劇は繰り返されるのだ、と——。

あとがき

平成九年頃の十二月下旬、羽田行きの便に乗るため青森空港に向かっていた。その日は欠航になるかもしれないと思うほど吹雪いていた。年の瀬で何となく慌ただしかったが、どうしても五連隊の遭難事故に関する文献を得たく、国会図書館を目指したのだった。意外にも搭乗便は予定どおり青森空港を出発した。

吹雪の中、飛行機の窓から八甲田山が見えた。あの山で将兵二百十名は寒さと吹雪に苦しみ彷徨していた……山中で二百名近くが命を落とした。その様相を思い浮かべていると機体は雲の上に上昇していた。地上の吹雪など嘘だったかのように太陽が光り輝いている。そのギャップにしばし茫然としていた。

五連隊の隊員として、八甲田雪中行軍の遭難事故を調べることに漠然とした使命感を感じ、いつかは本にしてみたいと思ってから二十年余り経ってしまった。仕事の忙しさにかまけて事故に関する文献を読むことさえおろそかにしていた。その文献はというと、何度かの引っ越しで段ボール箱に入ったままになっていた。

五十四歳の定年前に「六十歳までに八甲田雪中行軍遭難事故について本を出す」と目標を立てた。定年後しばらくしてから、文献を読み込み鍵となることは深掘りし執筆に取り組んだ。

遭難事故の生存者のひとり伊藤元中尉は、遭難から十年後の回想で、多数の死傷者が続出した日露戦争の悲惨な状況は忘れることがあっても、雪中行軍の惨事における困苦は終始忘れることはできないと話していた。

一体、この八甲田雪中行軍とは何だったのか。それは一人のメンツのために一九九名が命を落とし、八名が手足を切断したということなのだった。その結論に至ったときの、ぶつけどころのない怒りはしばらく鎮まることはなかった。それに加えて判断の無謀さ、訓練練度の低さ、捜索の遅さ、事故報告の虚偽等にあきれ、斃《たお》れていく将兵を憐れみ、幾度となくペンが止まることもあった。やるせなくなり酒を飲んでごまかすこともあった。

軍隊において、師団であれ、聯隊であれ、大隊であれ、中隊であれ、その長たる指揮官は部下に対して絶対的な権限を持っている。それをいいことにして無理難題を言い出す指揮官がいる。そのような者はおよそ道徳心に欠け、部隊の先頭となって模範を示すことや、部下と苦楽をともにすることなどできない。指揮官になってはいけない人間なのだ。士官学校などの成績で昇任は決まり、よほどなことがない限りそれが覆ることはない。部隊で事故を起こした将校を処分すれば、その上司たる将校にも責任問題が発生する。重大な事故になると、そのまた上司へと処分対象は広がる。また処分が重いと上司の処分も重くなる。そのため処分は軽くなり、身内に甘い組織となってしまう。あきれるのは、ほとぼりが冷めると何もなかったかのように前のコースに戻っているのだ。陸軍は明治からずっとそのような問題を抱えてきたのだろう。

自暴自棄に陥った神成大尉が発した叫び、「天が我ら軍隊の試練のために死ねというのが天の命令である」は、平民で士官学校を出ていない神成大尉が、山口少佐以下の士族将校へ放った引導だったのかもしれない。

東日本大震災のとき、東京から段差のできた東北道を北上し、仙台入りをした。民家の屋根はブルーシートに覆われ、ガソリンスタンドは車が長い行列を作っていた。どんよりとした空気ではあったが町は落ち着いていた。海沿いの現場に行くと、原形をとどめた住宅はほとんどない。松林の木々は途中から折れ、高台の中腹には流された物が横一線に残っていた。

浜辺に立つ孤高の石碑は私に訴えた。人はどうして同じ過ちを繰り返すのか、ここに津波の教訓を残しておいたではないかと。　無力感に襲われ、しばらくそこに立ち尽くしていた。

仙台駐屯地での最初の食事は、ボイルしたパックライス、味噌汁、クジラ肉の缶詰、キュウリ一本だった。その日が震災後初めての温食だったらしい。駐屯地内のコンビニに食糧となるものはほとんどなかった。それが被災地だった
二週間ほどしていったん、東京の自宅官舎に帰った。東京は震災前とほとんど変わらず、明るく喧噪としていた。当初は被災地とのギャップに戸惑っていたが、すぐにその生活に慣れてしまった。だが、わだかまりは解けずにいた。

東京は水道水の放射能汚染報道で、コンビニ、スーパー等からペットボトルの水が消えていた。ネットにはその困窮に付け込んで儲けようと、通常の倍近くの値段で水を出品する個人や業者が溢れていた。また、どこかの国の新聞は「日本沈没」と見出しをつけていたらしい。被災地の現状を見たら、そんなことが書けるのだろうか。悪意があるとしか思えない。

しかし、日本の未来には希望がある。多くの若者がボランティアとして災害復旧作業を手伝うために、全国から被災地へ押し寄せた。その一点だけで十分だ。心配ない。

ただ今一度、震災の教訓を再認識する必要があるだろう。その教えを生かし、災害

の犠牲者がなくなったら祖先は喜ぶに違いない。ひいては犠牲者を鎮魂することになるのではないか。

原稿が本になるまで山と溪谷社の神長幹雄さんには大変お世話になり、感謝申しあげます。また、参考にした書籍の著者や出版社にお礼申しあげます。

制服を着ていた頃、夜、布団に入ってから幾度となく戦場の自分を思った。孤立無援の状況下、目の前まで敵が迫り、銃弾を浴び応戦し続ける自分を。降伏という言葉が思い浮かぶ。そのたびに、自分がやらなければ誰がやるんだ、と自分に言い聞かせていた。制服を脱いだ今は、そんなことを考えることもなくなった。

ただ、毎日のように八甲田山を見ながら思うことは、日本の平和であり人々の幸せである。

平成二十九年十一月吉日

伊藤　薫

解説

春日太一

「時代劇研究家」「映画史研究家」を名乗り、これまでさまざまな映画を数多く観てきたが、その中で最もたくさんの回数を観てきた作品は間違いなく『八甲田山』だ。

この映画は、新田次郎の小説『八甲田死の彷徨』を原作に、『七人の侍』『白い巨塔』『日本のいちばん長い日』『日本沈没』といった幾多の名作を生んできた脚本家・橋本忍が自ら設立した橋本プロダクションにより製作された。そして一九七七年六月に公開されると、空前の大ヒットを遂げ、主演の北大路欣也が劇中で言う「天は我々を見放した!」は流行語にもなっている。

といっても、私は公開時には観ていない。その年の九月に産まれたのだから、当然だ。専ら名画座やレンタルビデオ、DVDでの観賞である。最初に観た時から、強く心を惹かれた。

監督=森谷司郎、撮影=木村大作という若い頃に黒澤明監督に鍛えられたコンビが、実際の冬の八甲田で三年がかりのロケ撮影をした猛烈な雪景色、その中で大自然と格闘する、北大路、高倉健、三國連太郎、加山雄三、緒形拳といった豪華キャストによる熱演。そして、橋本脚本らしい無常感の強いドラマ――。何もかもが魅力的で、気づけば、ある種の中毒性をともないながら観まくっていた。

特に冬場、気温が大きく下がったり、大雪に見舞われたりした夜は、薄着になり、窓を開け放してこの映画を観るようにしている。劇中に近い環境を作って視聴する、いわば「セルフ簡易4DX」だ。その臨場感たるや、かなりのものがある。自分も冬の八甲田で本当に遭難している気分になり、「白い地獄」と劇中で表現された悲惨な状況をより生々しく体感することができる。

ただ、この映画には功罪がある。八甲田で起きたあまりに痛ましい事故を風化させることなく今に伝えることができているというのは大きな「功」だ。が一方で、大きな「罪」もある。それは、この事故を語る際、小説や映画に描かれている顚末が「事実」として定着してしまった点だ。

新田次郎も橋本忍も、超一流の「作家」である。そのため事実に基づいているといっても、そこに描かれている内容は「作家」としての目を通して脚色されている。あくまでもそれは「創作物」なのである。にもかかわらず、それが「事実」として独り歩きして、いつしか八甲田の事故についての「定説」になってしまった。

特によく語られるのは、雪中行軍の指揮を任された青森歩兵第五連隊の神成大尉（小説・映画では神田大尉＝北大路）と、その上官である山口少佐（小説・映画では山田少佐＝三國）との対立だ。

山のスペシャリストである神成の立てた計画や指示に対し、山を知らない山口が隊の沽券だけを考えて次々と横やりを入れる。それがことごとく裏目に出て、やがて取り返しのつかない悲劇へと繋がっていく——。大まかに言うと、そういう話である。

一方で、同時期に八甲田に入った弘前歩兵第三十一連隊は福島大尉（小説・映画では徳島大尉＝高倉）に雪中行軍の指揮は一本化され、少数精鋭の部隊編成や安全第一の装備・行程によって犠牲者が一人も出ることなく踏破してのけている。

新田も橋本も、両連隊の比較にフォーカスを当てていることもあり、「指揮系統の乱れのために遭難事故の悲劇は起きた」と多くの人が思うようになった。実際、小説を読んだり映画を観た後、「これはうちの業界、会社にもいえること。こういう嫌な上司、いるよなあ」と身につまされた人も少なくないだろう。そのため八甲田遭難事故が語られる際はたいてい「組織論」がセットになっていて、その場合は新田や橋本の「山田少佐元凶論」が前提になっている。

ただ、何度も映画を観ているうちに年がら年じゅうこの事故のことを考えるようになり、やがて「定説」に疑問を持つようになった。

それは、「では、山口少佐の横やりがなく神成大尉の思う通りに全てが実行されていたら、あの悲劇は本当に起きなかったのだろうか」というものだ。

たとえば、初日の夜。食料や燃料を運ぶソリ隊の遅れにより当初の目的地である田代温泉に着くことができず、山口少佐の提案により途中で野営することになる。ここで最初の犠牲者が出るのだが、では野営せずにそのまま進軍したとして、その夜のうちに無事に田代に着くことはできたのか。田代の手前には駒込川の渓谷が待ち受ける。疲労困憊した連隊、特にソリ隊が何事もなく、これを越えることができるとは、とうてい思えない。

そして、たとえ遅れが出ずに田代に予定通り着けていたとしても――。映画の劇中では「田代に着いたら温泉に入って酒を飲みたい」という話を隊員たちがしているが、それは元から無理な話だった。二一〇名もの人員を収容できる施設は、田代にはないのだ。そのため、たとえ着けたとしても大半の隊員は結局のところ野営するしかない。温泉になど入ろうものなら、猛吹雪に吹きさらされて最悪の湯冷めが待っているだけだ。

つまり、田代にたどり着けていいてもいなくても、その規模の大小はあるにせよ何らかの悲劇は起きていたと推測できるのだ。

当初の計画からして、すでに破綻している——。そう気づいた時、小説と映画によって植え付けられた「定説」はもろくも瓦解した。そして、気づいたらこの事故のことばかり考えるようになっていた。そして、考えれば考えるほど、計画の早い段階から全てのことが悲劇に結び付いているようにしか思えなくなっていた。それは、まるで最初から仕組まれていたかのように——。

映画の終盤に出てくる山田少佐の自決の不可解さ（四肢が凍傷しているにもかかわらず、拳銃で自身を打ち抜いている）も加わり、頭の中に「これは誰かが仕組んだ罠なのでは」という質の悪い「陰謀論」までも頭をもたげるようになっていった。もちろんそれは「妄想」と割り切って脳内で転がしていただけなのだが、それだけ考えるほどに疑問が多く、また考え甲斐のある事故でもあった。

いずれ今の仕事が落ち着いたら、今の「妄想」による陰謀論ではなく、事実を取材し精査しながら自分なりに真相を検証し、自分なりの「真実」にたどり着きたいと思うようになっていた。そして、資料を集め、仕事の合間に考察してきた。

それだけに、本書が出ると知った時は一目散に読んだ。

伊藤氏は、ご自身も自衛隊員として青森五連隊の後継部隊に属し、雪中行軍の訓練にも参加した経験がある。そのため日本軍の組織も八甲田の実地も熟知しており、そこに裏打ちされた証言や資料に対する分析や考察はどれもが説得力に満ちていた。そして、その明快な検証により新田・橋本史観による「定説」が次々と覆り、こちらが長年疑問としていたことへの「回答」が次々と示されていった。

「だが、神成大尉の計画には、実際に行なわない想定上の宿営地や給養法などが書かれていた。反対に行軍に絶対必要な時間計画がない」

「だが、神成大尉の計画では田代以降について全く考慮されておらず、食糧、薪炭、宿営、わら靴等を考えると三本木進出はあり得なかった」

「ただ、方針の決定にあたり忘れられていたことがある。というよりも考えられていないのだ。田代新湯を知る者は誰一人いないことを。田代新湯はまるで峠の茶屋のように著明で簡単に見つけられるとでも思っていたのだろう。だが、田代新湯は、渓谷のなかにあり、遠くから見通せるような場所にはなかったのである」

伊藤氏は、こうした資料の精読と行軍体験を織り交ぜた唯一無二の検証により、山口少佐の横やりの前にまず神成大尉の作戦が杜撰であったことを示していく。そして、そのような計画が立てられた要因を――もちろん陰謀論に走ることなく――そもそもの連隊が創設された経緯から丁寧に検証しながら積み重ねて、弘前との確執、そして山口少佐とは異なる新たな「元凶」の存在を浮かび上がらせてのける。

このあたりの考察過程は本書のクライマックスといってよく、ページを一枚めくる度に新たな刺激に出会え、一旦本を閉じて息を整えてから次のページをめくる――という動作を繰り返すほどに興奮して読んだ。

さらに映画では「英雄」と扱われた徳島隊や、さほど触れられてこなかった救助活動の問題も指摘。小説や映画で描かれてきたことはあくまで「氷山のほんの一角」に過ぎないと思い知らされた。もちろん、だからといって小説や映画の価値が損なわれたり色褪せたりするわけではない。「作品」としての魅力は、これからも変わらずに輝きを放ち続けるだろう。ただ、これまでの定説を前提に語られた八甲田論の全てが、伊藤氏の検証により陳腐なものになってしまったとすら言えることだけは確かだ。

先に述べたように、いつかはこの事故を自分なりにじっくり時間をかけて取材・検証したいと思っていた。が、今はもうそんな気は起きない。伊藤氏ほどのところにたどり着けるとは、とうてい思えないからだ。

この一冊があれば、十分。一生、読み続けていたい。そんな本と出会えた。

（映画史研究家）

参考文献

●関連書籍

國民必携陸軍一斑	久留島武彦	明治35年9月25日
陸軍図解	杉本文太郎	明治37年10月1日
軍隊生活	兵事雑誌社編	明治31年
兵卒教授書	近藤喜保	明治32年10月23日
日本軍隊用語	寺田近雄	平成4年7月8日
図説陸軍史	森松俊夫	平成5年12月1日
日本陸軍史百題	武岡淳彦	平成7年7月25日
日本陸軍がよくわかる辞典	太平洋戦争研究会	平成17年9月8日
日本歴史地名大系第二巻　青森県の地名	下中邦彦	昭和57年7月10日
みちのく双書第十五集　新撰陸奥国誌第一巻	青森県文化財保護協会	昭和39年10月
青森県地誌	青森縣教育會	大正9年7月30日
青森縣総覧	杉森文雄	昭和3年11月10日
青森県史資料編　近現代I	青森県史編さん近現代部会	平成14年3月31日
青森県警察史上巻	青森県警察史編纂委員会	昭和48年9月25日
青森市史別冊雪中行軍遭難六〇周年誌	青森市史編纂室	昭和57年2月25日
青森市史別冊歩兵第五聯隊八甲田山雪中行軍遭難六十周年誌	青森市史編纂室	昭和38年5月10日
青森市の歴史	青森市史編さん委員会	平成1年3月10日
あおもり文化100年の軌跡	青森市文化団体協議会	平成13年9月
市制八十五周年青森市の散歩	小沼幹止	昭和59年7月15日
青森聯隊遭難雪中行軍	百足登	明治35年3月7日
雪中行軍遭難談	雨城隠士	明治35年3月28日
遭難実記雪中の行軍	福良竹亭	明治35年3月28日
第五聯隊遭難始末　附第三十一聯隊雪中行軍記	北辰日報編輯部	明治35年4月11日
写真　青森県百年史	東奥日報社	昭和43年11月3日
私記・一軍人六十年の哀歓	今村均	昭和45年
八甲田山死の彷徨　四十七刷	新田次郎	昭和52年5月30日

私の創作ノート	読売新聞社	昭和48年6月15日
われ、八甲田より生還す	高木勉	昭和53年3月30日
吹雪の惨劇第一部　六版	小笠原弧酒	昭和52年5月31日
吹雪の惨劇第二部　八版	小笠原弧酒	昭和63年9月20日
雪中行軍記録写真特集（行動準備編）	小笠原弧酒	昭和55年8月30日
八甲田死の行軍真実を追う	三上悦雄	平成16年7月22日
新編　郷土兵団物語	松本政治	昭和49年8月15日
新岡日記	鬼柳恵照編	昭和60年10月10日
新聞販売通史　東奥日報と百年間	福士力	昭和61年8月20日
八甲田の変遷	岩淵功	平成11年2月10日

●文書資料

勅令閣令省令告示　明治二十一年中	陸軍省	防衛研究所
貳大日記　明治三十二年九月	陸軍省	防衛研究所
乾　貳大日記　明治三十四年三月	陸軍省	防衛研究所
肆大日記　明治三十三年三月	陸軍省	防衛研究所
密大日記　明治二十九年	陸軍省	防衛研究所
大日記附録　明治三十五年歩兵第五聯隊雪中行軍遭難事件書類	陸軍省	防衛研究所
大日記附録　明治三十五年歩兵第五聯隊雪中行軍遭難事件書類　緊要文書　共三其三	陸軍省	防衛研究所
大日記附録　明治三十五年歩兵第五聯隊雪中行軍遭難事件書類　電報の部　共三其一	陸軍省	防衛研究所
大日記附録　明治三十五年歩兵第五聯隊雪中行軍遭難事件書類　報告の部　共三其二	陸軍省	防衛研究所
歩兵第五聯隊遭難に関する委員復命書附録	陸軍省	防衛研究所
歩兵第五聯隊遭難に関する取調委員復命書	陸軍省	防衛研究所
大臣官房　明治三十五年歩兵第五聯隊雪中行軍遭難に関する書類	陸軍省	防衛研究所
陸軍大臣官房　諸達通牒　明治四十年	陸軍省	防衛研究所
雑文書　明治三十二年　第八師団日報	陸軍省	防衛研究所
陸軍服装規則　附　勅令、省令、陸達	大日本陸海軍兵書出版	明治30年5月23日
遭難始末　歩兵第五聯隊	歩兵第五聯隊	明治35年7月23日
歩兵第五聯隊史	帝国聯隊史刊行会	大正7年12月28日

歩兵第五聯隊史　帝国在郷軍人會本部　昭和6年11月1日
歩兵第五聯隊史　栗田弘　昭和48年5月31日

●資料
田名部近傍路上測図　歩兵第五聯隊　明治33年10月
明治三十五年一月廿日雪中行軍日記　間山仁助
八ッ甲嶽の思ひ出　泉舘久次郎　昭和10年1月24日
小原忠三郎元伍長談話（昭和39年12月20日）　録音テープ　陸上自衛隊青森駐屯地
陸奥の吹雪　第五普通科連隊　昭和40年6月23日
青森電話局73年のあゆみ　青森県電話局　昭和54年1月10日
十和田市立柏小学校　創立九十周年記念誌（八甲田山麓雪中行軍秘話）　協賛会記念誌編集委員会　昭和57年7月4日
雪中行軍遭難秘録　十和田市立三本木中学校社会科部会　昭和59年10月12日
復刻版西田源蔵著油川町誌　油川町・青森市合併五十周年記念事業協賛会町誌復刻委員会　平成1年8月27日
油川町の歴史　木村愼一　平成5年7月24日
トムラウシ山遭難事故調査報告書　トムラウシ山遭難事故調査特別委員会　平成22年3月1日
「あおもり歴史トリビア」第83号　青森市市史編さん室　平成25年11月15日
気象データ　気象庁
気象データ（明治35年1月）　青森気象台
防衛館ご案内資料　陸上自衛隊青森駐屯地
防衛館内　展示物　陸上自衛隊青森駐屯地

●新聞
秋田魁新報／朝日新聞／岩手日報／巖手毎日新聞／河北新聞／時事新報／日本／中央新聞／東奥日報／報知新聞／山形新聞／米沢新聞／読売新聞／萬朝報

本書は二〇一八年二月発行の『八甲田山　消された真実』（山と溪谷社）を文庫化したものです。
カバー写真　「歩兵第三十一連隊雪中行軍隊写真」（青森県立図書館デジタルアーカイブ）
本文写真　「青森市鳥瞰図圖」（青森県立図書館デジタルアーカイブ）
「青森衛戍歩兵第五聯隊第二大隊雪中行軍遭難写真」（青森市史別冊　歩兵第五聯隊八甲田山雪中行軍遭難六十周年誌）
「青森衛戍歩兵第五連隊第二大隊雪中行軍遭難写真」（青森県立図書館デジタルアーカイブ）
『遭難始末』（歩兵第五聯隊）

＊遭難事故当時の陸軍省の文書、新聞、手記、その他参考文献などから引用した文は、カタカナ書きをひらがな書き、常用漢字、現代仮名遣いとし、難読な漢字にはルビを振り、読みやすいように句読点を打ちました。
＊今日の人権意識に照らして考えた場合、不適切と思われる語句や表現がありますが、本著作の時代背景とその文学的価値に鑑み、そのまま掲載してあります。

八甲田山　消された真実

二〇二一年十一月一日　初版第一刷発行
二〇二一年十二月二十五日　初版第三刷発行

著　者　伊藤　薫
発行人　川崎深雪
発行所　株式会社　山と溪谷社
郵便番号　一〇一―〇〇五一
東京都千代田区神田神保町一丁目一〇五番地
https://www.yamakei.co.jp/
■乱丁・落丁のお問合せ先
山と溪谷社自動応答サービス　電話〇三―六八三七―五〇一八
受付時間／十時～十二時、十三時～十七時三十分（土日、祝日を除く）
■内容に関するお問合せ先
山と溪谷社　電話〇三―六七四四―一九〇〇（代表）
■書店・取次様からのご注文先
山と溪谷社受注センター　電話〇四八―四五八―三四五五
ファクス〇四八―四二一―〇五一三
■書店・取次様からのご注文以外のお問合せ先　eigyo@yamakei.co.jp

フォーマット・デザイン　岡本一宣デザイン事務所
印刷・製本　株式会社暁印刷
定価はカバーに表示してあります

Printed in Japan　ISBN 978-4-635-04922-1

ヤマケイ文庫の山の本

新編 単独行
新編 風雪のビヴァーク
ミニヤコンカ奇跡の生還
垂直の記憶
残された山靴
梅里雪山 十七人の友を探して
ナンガ・パルバート単独行
わが愛する山々
空飛ぶ山岳救助隊
山と溪谷 田部重治選集
山なんて嫌いだった
タベイさん、頂上だよ
ドキュメント 生還
ソロ 単独登攀者・山野井泰史
狼は帰らず
単独行者《アラインゲンガー》 新・加藤文太郎伝 上／下
精鋭たちの挽歌
山のパンセ
山の眼玉
山からの絵本
K2に憑かれた男たち
穂高に死す
長野県警レスキュー最前線
深田久弥選集 百名山紀行 上／下
穂高の月
ドキュメント 雪崩遭難
ドキュメント 単独行遭難
生と死のミニャ・コンガ
若き日の山
紀行とエッセーで読む 作家の山旅
白神山地マタギ伝
山 大島亮吉紀行集
黄色いテント
闇冥 山岳ミステリ・アンソロジー
山棲みの記憶
安曇野のナチュラリスト 田淵行男
名作で楽しむ 上高地
どくとるマンボウ 青春の山
不屈 山岳小説傑作選
山の朝霧 里の湯煙
新田次郎 続・山の歳時記
植村直己冒険の軌跡
山の独奏曲
懐かしい未来 ラダックから学ぶ
原野から見た山
人を襲うクマ
新編増補 俺は沢ヤだ
K
瀟洒なる自然 わが山旅の記
高山の美を語る
山・原野・牧場